湖北钟祥地区土地质量调查与应用研究

HUBEI ZHONGXIANG DIQU TUDI ZHILIANG DIAOCHA YU YINGYONG YANJIU

主　编　罗军强
副主编　赵　辞　张元培

图书在版编目(CIP)数据

湖北钟祥地区土地质量调查与应用研究/罗军强主编；赵辞,张元培副主编.—武汉：中国地质大学出版社,2023.4
ISBN 978-7-5625-5615-2

Ⅰ.①湖… Ⅱ.①罗… ②赵… ③张… Ⅲ.①土壤地球化学-调查研究-钟祥 Ⅳ.①S153

中国国家版本馆 CIP 数据核字(2023)第 099893 号

湖北钟祥地区土地质量调查与应用研究	主　编　罗军强 副主编　赵　辞　张元培
责任编辑：周　旭	责任校对：杨　念
出版发行：中国地质大学出版社(武汉市洪山区鲁磨路388号)	邮编：430074
电　　话：(027)67883511　　传　　真：(027)67883580	E-mail:cbb@cug.edu.cn
经　　销：全国新华书店	http://cugp.cug.edu.cn
开本：787毫米×1 092毫米　1/16	字数：346千字　　印张：13.5
版次：2023年4月第1版	印次：2023年4月第1次印刷
印刷：湖北睿智印务有限公司	
ISBN 978-7-5625-5615-2	定价：86.00元

如有印装质量问题请与印刷厂联系调换

《湖北钟祥地区土地质量调查与应用研究》编写组名单

主　　编：罗军强
副 主 编：赵　辞　张元培
参编人员：吴　颖　郑雄伟　白　洋　徐景银
　　　　　唐诗群　宋长虹　王　鼎　司可夫
　　　　　胡　青　魏凌霄　杨文兵　王世俊
　　　　　李俊宏　王运贵　关邵华　李之浩

前　言

"土地质量地球化学调查计划"是我国继"区域化探全国扫面计划"之后又一个新的国家地球化学填图计划,是一项具有区域性、基础性和战略性特点的地质调查工作。该计划实施以来,在支撑土壤环境污染防控、土地资源管理、国家重大立法、乡村振兴等方面发挥了重要作用,其内涵及研究范畴已被大大拓展,它不仅为农业服务也为国土资源管理和环境保护服务,显著延伸了地质工作服务链。

钟祥市是土地质量地球化学调查项目开展最早的地区,"湖北省钟祥市土地质量地球化学评价(一期)"是湖北省首个启动的土地质量地球化学调查试点项目。截至 2020 年,湖北省地质局地球物理勘探大队已完成"湖北省钟祥市土地质量地球化学评价"项目,调查面积 4 405.87 km²,涉及钟祥市所辖的柴湖镇、郢中街道、洋梓镇、长寿镇、丰乐镇、胡集镇、双河镇、磷矿镇、文集镇、冷水镇、石牌镇、旧口镇、长滩镇、东桥镇、客店镇、张集镇、九里回族乡、南湖棉花原种场、官庄湖农场以及罗汉寺种畜场等行政乡镇(街道、场)。

"湖北省钟祥市土地质量地球化学评价"项目由湖北省地质局地球物理勘探大队承担并组织实施,湖北省地质局第八地质大队、湖北省地质实验测试中心等单位参与了项目部分工作,钟祥市人民政府、钟祥市自然资源和规划局(原钟祥市国土资源局)、钟祥市农业局、钟祥市统计局、钟祥市长寿研究会等单位对项目工作成果的编制提供了大力支持和帮助,在此一并表示衷心感谢。

该项目历时近 6 年(2014—2020 年),共采集各类样品 28 150 件,获得样品分析数据 80 余万条,取得了多目标、多层次的调查研究成果。首次获取了钟祥地区大比例尺的土壤、水、大气沉降物及农作物等多方面地球化学翔实资料,获取了钟祥地区土地多元素地球化学含量海量信息和多元素地球化学背景值,为钟祥市创建国家生态市,发展现代农业,构建生态文明新城,发掘生态环境优势和精准化布局全市山、水、泉、硒、磷、特色有机农产品等六大复合养生资源,推进具有鲜明钟祥特色的健康养生产业提供了有力的数据支持。

通过多年的调查研究,项目组取得了 7 个方面主要成果:一是编制了成果报告 5 份,专项建议报告 4 份,成果图件 1348 张,建立了村级土地质量档案 537 份,为钟祥市基础地质研究、土地质量提高、农用地保护与利用、土壤污染防治、农产品安全保障及农业种植结构调整、富硒土地资源开发等提供了数据支撑。二是查明了钟祥地区土地质量状况,对钟祥地区每块耕地、园地、草地图斑进行了土地质量等级划定,可作为地方农业发展规划、土地利用规划、土地整治、农用地分等定级和名优特农产品开发的基础资料。三是查明了钟祥地区土地硒资源分布现状,发现天然富硒土地资源 636.81km^2,基于土壤富硒等级,圈出富硒产业园建设建议区15处,为推进钟祥市富硒产业发展提供了决策依据。四是对区内主要农产品进行了品质分析、安全性评价和生态效应研究,掌握了高品质农产品分布现状,为地区大健康产业提供了发展方向。五是通过农用地污染风险评价,得到钟祥地区土地环境风险区分布情况,有利于地方生态农业安全高效可持续发展。六是对地方特色农业、水土环境和生态资源进行了专题研究,研究成果可为乡村振兴、美丽乡村规划、名优特农产品品质升级、大健康产业等方面提供科学依据,有助于钟祥市构建"长寿"产业链和建设"世界养生名城"。七是根据评价成果,编制了钟祥地区村级耕地土地质量档案,建立了土地质量地球化学数据库,可对接地方国土、农业、环境等多部门数据管理系统,为土地资源"三位一体"管护和地区生态文明建设提供数据支持。

项目虽已全面完成,但服务于经济社会发展的地质先行工作还在实践探索之中。为进一步提高成果应用理念,促进地质成果交流,湖北省地质局地球物理勘探大队组织编制了《湖北钟祥地区土地质量调查与应用研究》一书。本书主要从农业地质背景、富硒土壤资源、农田生态环境、农产品安全、特色农产品种植、土地质量评价及农业综合区划等方面进行阐述,希望从需求导向方面,为国内同类地质调查工作提供具有借鉴意义的研究成果,供有关方面参考。

本书共 8 章,各章编写分工为:第一章项目基本情况由张元培负责编写;第二章调查区概况由徐景银等负责编写;第三章工作方法与技术标准由司可夫负责编写;第四章土壤中元素地球化学特征由赵辞负责编写;第五章生态地球化学评价与研究由赵辞、白洋负责编写;第六章富硒资源评价由罗军强、吴颖负责编写;第七章成果应用与研究第一节、第二节由罗军强、张元培负责编写,第三节由罗军强负责编写,第四节由王鼎、罗军强负责编写;第八章土地质量地球化学等级由郑雄伟负责编写;数据库由唐诗群、李之浩负责完成;全书由罗军强统稿、修改与审定。

受水平所限,如有疏漏、错误之处,敬请读者批评指正。

罗军强

2023 年 1 月

目 录

第一章 项目基本情况 (1)
　第一节 目标任务 (1)
　　一、项目概况 (1)
　　二、目标任务 (1)
　第二节 工作概况及完成的工作量 (2)
　　一、工作基本情况 (2)
　　二、工作质量控制 (5)
第二章 调查区概况 (7)
　第一节 自然地理概况 (7)
　　一、地理区位 (7)
　　二、自然资源 (7)
　第二节 社会经济概况 (12)
　第三节 区域背景 (13)
　　一、区域地貌 (13)
　　二、地质背景 (14)
　第四节 土地资源概况 (19)
　　一、土地利用 (19)
　　二、土壤类型 (21)
　　三、成土母质 (23)
第三章 工作方法与技术标准 (26)
　第一节 工作流程和执行标准 (26)
　　一、工作流程 (26)
　　二、评价标准及技术规范 (26)
　第二节 野外工作方法与技术要求 (28)
　　一、土壤地球化学测量 (28)
　　二、有效态及有机污染物调查 (30)
　　三、生态环境地质调查 (30)
　　四、水环境调查 (30)
　　五、肥料样采集 (31)
　　六、大气干湿沉降监测 (31)

七、地球化学剖面测量 …………………………………………………………………………（31）
　　八、农作物样品采集 ……………………………………………………………………………（32）
 第三节　数据处理与成果表达 ………………………………………………………………………（34）
　　一、数据处理 ……………………………………………………………………………………（34）
　　二、地球化学参数统计 …………………………………………………………………………（34）
　　三、图件编制 ……………………………………………………………………………………（37）
 第四节　数据库建设 …………………………………………………………………………………（42）
　　一、数据库建设目标及流程 ……………………………………………………………………（42）
　　二、数据库建设平台 ……………………………………………………………………………（42）
　　三、建库技术方法 ………………………………………………………………………………（42）

第四章　土壤中元素地球化学特征 ………………………………………………………………………（45）
 第一节　氮、磷、钾、有机质 ………………………………………………………………………（45）
　　一、氮(N) …………………………………………………………………………………………（45）
　　二、磷(P) …………………………………………………………………………………………（47）
　　三、钾(K) …………………………………………………………………………………………（50）
　　四、有机质 ………………………………………………………………………………………（51）
 第二节　钙、镁、硫 …………………………………………………………………………………（56）
　　一、钙(Ca) ………………………………………………………………………………………（56）
　　二、镁(Mg) ………………………………………………………………………………………（57）
　　三、硫(S) …………………………………………………………………………………………（58）
 第三节　铁、钼、锌、锰、硼 ………………………………………………………………………（59）
　　一、铁(Fe) ………………………………………………………………………………………（59）
　　二、钼(Mo) ………………………………………………………………………………………（60）
　　三、锌(Zn) ………………………………………………………………………………………（62）
　　四、锰(Mn) ………………………………………………………………………………………（64）
　　五、硼(B) …………………………………………………………………………………………（66）
 第四节　土壤元素背景值与分布特征 ………………………………………………………………（66）
　　一、土壤元素含量特征 …………………………………………………………………………（66）
　　二、地球化学分区 ………………………………………………………………………………（70）

第五章　生态地球化学评价与研究 ………………………………………………………………………（73）
 第一节　农用地土壤环境质量 ………………………………………………………………………（73）
　　一、评价标准 ……………………………………………………………………………………（73）
　　二、评价对象 ……………………………………………………………………………………（74）
　　三、评价方法 ……………………………………………………………………………………（75）
　　四、评价结果 ……………………………………………………………………………………（75）
 第二节　水环境质量评价 ……………………………………………………………………………（77）
　　一、评价标准和方法 ……………………………………………………………………………（77）
　　二、水环境质量状况 ……………………………………………………………………………（78）

第三节 大气和施肥对土地生态的影响 (79)
一、大气沉降对土地生态的影响 (79)
二、施肥对土地生态的影响 (79)

第四节 农产品安全性评价 (82)
一、农产品安全等级标准 (82)
二、主要农产品安全质量状况 (82)
三、农产品安全性等级划分结果 (86)

第五节 土壤-植物体系重金属元素迁移与累积效应研究 (87)
一、粮油类农产品 (87)
二、水果类农产品 (89)
三、蔬菜类农产品 (90)
四、特色农产品 (91)

第六节 土壤重金属形态关系研究 (91)
一、土壤重金属形态组成 (91)
二、土壤重金属元素形态特征 (93)
三、土壤重金属元素形态相关性分析 (94)

第六章 富硒资源评价 (97)

第一节 硒在土壤中的分布特征 (97)
一、富硒土壤分布 (97)
二、富硒土壤分类 (98)

第二节 富硒土壤受控因素分析 (101)
一、土壤质地 (101)
二、土壤酸碱度 (101)
三、土壤有机质 (101)
四、土壤有效硒 (102)
五、土壤硒形态 (102)

第三节 外源输入对土壤硒含量的影响 (104)
一、大气干湿沉降的影响 (104)
二、灌溉水的影响 (104)

第四节 农作物硒效应分析与评价 (104)
一、粮油类农产品富硒评价 (104)
二、果蔬类农产品富硒评价 (107)
三、特色农产品富硒评价 (109)

第五节 天然富硒土地划定与标识 (110)

第六节 富硒资源开发利用 (111)
一、富硒水稻产业园建设建议 (113)
二、富硒小麦产业园建设建议 (115)
三、富硒蔬菜及特色产业园建设建议 (118)

第七章 成果应用与研究 (121)

第一节 基于土壤—植物体系中的生物有效性研究 (121)
一、土壤养分有效量影响因子解析 (121)
二、农作物生物有效性迁移富集规律 (130)

第二节 基于多时空的生态环境变化趋势分析 (136)
一、钟祥地区土壤酸碱度时空变化分析 (136)
二、钟祥地区地质环境承载力分析与研究 (141)

第三节 长寿人群地域分布与环境微量元素关系专题研究 (153)
一、钟祥市高龄老人分布情况 (153)
二、长寿人群地域分布与环境微量元素分析 (156)
三、长寿人群与环境微量元素关系探讨 (164)

第四节 农业地质综合研究与应用 (166)
一、土壤养分自然丰缺综合分区 (166)
二、绿色农产品产地分区 (171)
三、泉水柑品质与产地环境适宜性研究 (174)

第八章 土地质量地球化学等级 (185)

第一节 土壤质量地球化学等级 (185)
一、评价单元 (185)
二、土壤环境地球化学等级划分 (185)
三、土壤养分地球化学等级划分 (188)
四、土壤健康元素地球化学等级划分 (192)
五、土壤养分地球化学综合等级 (193)
六、土壤质量地球化学综合等级划分 (194)

第二节 灌溉水环境地球化学等级 (194)
一、灌溉水评价单元划分 (194)
二、灌溉水质量评价标准 (195)
三、灌溉水质量评价方法 (196)
四、灌溉水质量评价结果 (197)

第三节 大气干湿沉降物地球化学等级 (198)
一、划分标准 (198)
二、评价方法 (198)
三、大气环境质量评价结果 (198)

第四节 土地质量地球化学综合等级 (199)
一、土地质量地球化学等级划分方法 (199)
二、土地质量地球化学综合等级划分结果 (199)

主要参考文献 (202)

第一章　项目基本情况

第一节　目标任务

一、项目概况

湖北省"金土地"工程——高标准基本农田地球化学调查,是以地球化学勘查为主要技术方法,以提高土地利用效益为主要目的,以全省重要农业经济区基本农田为主要工作对象,通过开展土地质量地球化学调查评价,圈定优质土地资源,为土地整治、农业生态管护和富硒土壤开发利用、农业结构调整、农产品种养殖布局调整,以及相关科学研究与产品开发、产品安全等提供基础性科学依据的一项综合性工程。钟祥市作为湖北省主要的粮食生产基地,农业生产历史悠久,农业资源极其丰富。2013 年 11 月,钟祥市人民政府在柴湖镇举办了湖北省"金土地"工程开工仪式,"湖北省钟祥市土地质量地球化学评价(一期)"作为湖北省"金土地"工程首个试点项目,拉开了湖北省全面推进县市级土地质量地球化学调查工作的序幕。

截至 2020 年,湖北省地质局地球物理勘探大队在钟祥市全域连续开展了五期项目,分别完成了钟祥市柴湖—石牌(一期)、胡集—丰乐(二期)、旧口—客店(三期)、九里—长滩(四期)、张集—冷水(五期)等地区的土地质量地球化学调查工作,实现了钟祥市土地质量地球化学调查全域覆盖。

二、目标任务

（一）目标

查明调查区土地质量现状,圈定优质土地资源;查明优质土地特性,指导促进优质高效生态农业发展;查明土地质量分布情况和对农产品生产安全的保证程度,提出土地质量保护的建议;建立土地质量地球化学评价数据库和土地质量档案,为调查区土地从数量管理实现向质量及生态管护的转变提供基础依据和信息服务。

（二）任务

1. 土地质量地球化学综合调查

根据《土地质量地球化学评价规范》(DZ/T 0295—2016)要求,完成钟祥市土地质量地球化学调查工作。

（1）开展1∶5万土壤地球化学测量工作。按照生态功能采用不同密度分区布设土壤采样调查点，其中耕地、园地和草地区采样密度为9点/km²，富硒土壤区、基本农田区适当加密，分析测试As、Cd、Cr、Hg、Pb、Ni、Zn、Cu、Co、V、N、P、K、B、Mo、Mn、Se、I、F、S、Cl、Ca、Mg、Fe、Si、Ge、Na、Al、有机质、pH等30项指标。

（2）开展土壤有机污染物调查工作。对耕地按照1点/16km²布设密度采集土壤有机物样品，分析测试多环芳烃、有机氯(六六六、滴滴涕、氯丹、艾氏剂、七氯、狄氏剂、异狄氏剂)；根据立地背景，选测多氯联苯、乐果等。

（3）开展灌溉水地球化学测量、大气干湿沉降物监测、生物地球化学调查、生态环境问题查证等工作。其中灌溉水、大气湿沉降物分析测试高锰酸盐指数、总硬度、溶解性总固体、总P、总N、总As、总Hg、Cd、Cr^{6+}、Pb、Cu、Zn、Se、B、Fe、Mn、V、F^-、S^-、SO_4^{2-}、Cl^-、NO_3^-、pH等23项指标；大气干沉降物分析测试As、Cd、Cr、Hg、Pb、Ni、Zn、Cu、Se等9项指标；生物样分析测试Cr、Co、Ni、Cu、Zn、Mo、Pb、Fe、Mn、Ca、K、Mg、P、S、Cd、As、Se、Hg等18项指标。

2. 土地质量综合评价

全面评价土地生态地球化学总体状况和质量水平，重点研究耕地中Se、I、Ge、B、Zn等对人体健康有益的元素和Pb、Cd、Hg、As、Gr等有害元素的分布规律、来源、迁移途径、生物有效性控制因素及其农作物富集规律，综合评价土地质量、潜在价值及生态风险。按照农用地、建设用地、未利用地等土地利用图斑分类评价，重点进行耕地土地质量地球化学分等定级。根据地方实际需求，提出调查成果支撑服务土地利用规划调整修编、永久基本农田调整和保护、高标准基本农田建设、土地整治与复垦、优质农业土地资源发掘和开发、土壤污染防治及资源合理利用、后备耕地资源选区、精准扶贫等建议。

3. 建立土地质量档案，提交调查成果数据库

在全面收集国土、环保、农业等相关资料的基础上，对调查结果进行深入研究，根据地方实际需求，以服务地方经济社会发展为出发点，编制土地质量地球化学评价报告和相关专项建议报告及图件，建立耕地土地质量档案，汇总钟祥市全域调查成果，建立县级土地质量调查数据库。

第二节　工作概况及完成的工作量

一、工作基本情况

（一）项目组织管理

项目实施单位为湖北省地质局，由湖北省地质局城乡地质处会同项目管理单位荆门市自然资源和规划局参与设计评审、野外质量监控和验收、成果报告评审等工作。项目具体管理单位为钟祥市自然资源和规划局，负责项目任务下达、资金拨付、组织设计书评审、野外验收和成果评审等工作。项目承担单位为湖北省地质局地球物理勘探大队，主要负责项目设计编写、野外调查采样、样品分析、资料研究、成果报告编写和资料汇交等工作。各级相关管理部门按照《湖北省"金土地"工程高标准基本农田地球化学调查项目管理暂行办法》（鄂土资函〔2014〕571号），对"金土地"工程的钟祥市土地质量地球化学评价项目各个工作阶段进行了严格的管理。

项目在完成报告编制后，各级相关管理部门按照《中华人民共和国预算法》《湖北省人民政府关于推进预算绩效管理的意见》（鄂政发〔2013〕9号）、《湖北省财政厅关于印发〈湖北省省级财政项目资金绩效评价实施暂行办法〉的通知》（鄂财绩发〔2012〕5号）等文件要求，完成了竣工财务决算和绩效评价。

依据评审专家修改意见完成报告修改后，湖北省地质局地球物理勘探大队按照《地质资料管理条例实施办法》和《地质资料汇交规定》向湖北省自然资源厅、湖北省地质局以及钟祥市自然资源和规划局提交了成果报告和图件，同时将野外原始资料以及实物资料汇交到湖北省自然资源厅资料馆存档。

（二）项目执行情况

1. 设计编写阶段

依据任务书要求并结合地方需求，成立了项目设计编制组，根据典型地域特色分别设置了"钟祥地区地质环境承载力研究""钟祥地区土壤酸碱度时空变化分析""钟祥市泉水柑种植适宜性研究"和"长寿人群地域分布与环境微量元素关系专题研究"4个调查研究课题。在实地踏勘、需求调研及与相关部门沟通的基础上，编制了项目设计书及专题调查实施方案，并通过了评审专家组的评审。

2. 野外调查阶段

该阶段完成了不同比例尺的土壤地球化学调查、生态地质环境调查、土壤理化性状调查、农产品安全与特色农产品（基地）调查、天然富硒土地调查、典型土壤及岩石剖面调查及各类样品（土壤样、水样、大气干湿沉降样、农产品样等）的采集工作，进行了野外原始资料的整理工作，并通过了专家组野外工作检查验收。

3. 样品分析阶段

分批次将样品送至湖北省地质实验测试中心分析，分析样品包括土壤、农作物、水、大气沉降物、岩石等，共取得各类分析数据80余万条。样品分析工作完成后，根据相关技术标准，组织中国地质科学院地球物理地球化学勘查研究所评审专家对样品分析质量进行了验收。

4. 评价及研究阶段

评价是对调查初步成果的分析与总结，该阶段重点对土壤养分丰缺、土壤环境质量、大气和水环境质量、富硒土壤分布现状、农产品安全状况进行评价，编制了土地质量地球化学评价报告。在此基础上，项目组多次到当地政府和乡镇企业进行沟通，广泛征求意见，寻找调查成果应用的切入点,完成了重点课题的研究工作,并编制了富硒产业园建设建议报告以及各村级土地质量档案卡等。

5. 项目成果集成阶段

该阶段是对全部调查成果、评价成果、研究成果整合的阶段,也是对调查工作总结的阶段。该阶段工作重点是成果表达及应用研究、土地质量与地质背景相关性研究、名优特农产品适宜性研究,通过成果集成,进一步提高了成果的科学性和针对性,更好地发挥地质调查成果的应用价值。此阶段编制完成了《钟祥市土地质量地球化学调查成果集成》和《钟祥市土地质量地球化学图集》,形成了政府版报告、成果宣传册及数据库等成果。

(三)工作量完成情况

项目系统完成了钟祥市 4 405.87km² 的生态地质及土壤、灌溉水、大气沉降物、农产品的调查评价等工作,采集各类样品 2.8 万余件,获得分析数据 80 余万条,编写了 5 份成果报告,编制各类图件 1348 张,建立了全市 537 个村的土地质量档案,对钟祥市优质土地资源的开发利用形成了专题建议报告,完成的主要实物工作量情况见表 1-1。

表 1-1 完成的主要实物工作量统计表

阶段	工作手段	工作计量单位	设计工作量	累计完成工作量	累计完成率/%
野外调查与采样	1∶5 万专项生态环境地质测量	km²	4355	4405	101.15
	1∶5 万遥感解译	km²	4355	4405	101.15
	岩石地球化学剖面测量	km	21	21.92	104.38
		件	211	216	102.37
	土壤水平剖面测量	km	144	146.72	101.89
		件	1441	1524	105.76
	土壤垂直剖面测量	件	223	223	100
	1∶5 万表层土壤地球化学测量	km²	4355	4405	101.15
		件	18 443	18 788	101.87
	1∶1 万表层土壤地球化学测量	km²	265	268	101.13
		件	3587	3582	99.86
	1∶5 万水地球化学测量	km²	4355	4405	101.15
		件	175	183	104.57
	大气干湿沉降物监测	处	45	45	100
	土壤有效态调查	件	816	869	106.50
	土壤形态样	件	169	179	105.92

续表 1-1

阶段	工作手段	工作计量单位	设计工作量	累计完成工作量	累计完成率/%
野外调查与采样	土壤理化性质采样	件	158	162	102.53
	土壤矿物成分采样	件	148	148	100.00
	肥料样品采集	件	166	166	100.00
	植物根系土采样	件	939	993	105.75
	专项生物采样	组	1049	1245	118.68
	土壤垂直剖面样品	件	220	228	103.64
样品分析测试	土壤全量分析	件	24 486	24 909	101.73
	土壤有效态分析	件	816	869	106.50
	土壤形态分析	件	169	179	105.92
	土壤理化性质分析	件	158	162	102.53
	土壤矿物成分分析	件	148	148	100
	岩石分析	件	211	216	102.37
	灌溉水分析	件	175	183	104.57
	大气沉降样品分析	组	138	138	100
	土壤有机污染物分析	件	85	85	100
	农作物分析	件	1049	1095	104.39
	肥料分析	件	166	166	100
综合成果	成果报告	份	5	5	100
	成果图件	张	1336	1348	101
	成果图册	份	5	5	100
	专题报告	份	4	4	100
	村级土地质量档案	份	5	5	100

二、工作质量控制

项目严格执行中国地质调查局《多目标区域地球化学调查规范(1∶250 000)》(DD 2005－01)、《土地质量地球化学评价规范》(DZ/T 0295—2016)以及国家 ISO 质量管理体系，野外工作建立了采样小组、项目组、项目承担单位三级质量检查和验收制度。

项目在执行过程中，湖北省自然资源厅、湖北省地质局、荆门市自然资源和规划局、钟祥市自然资源和规划局十分重视本项目的质量工作。野外工作完成后，项目承担单位组织相关单位野外验收专家组分别从样品布设的合理性、采样点的准确性、采样物质的正确性及各类原始资料的完整性等方面进行了检查，并出具了质量检查意见书。成果报告编写完成后，项目承担单位组织湖北省自然资源厅、荆门市自然资源和规划局、钟祥市自然资源和规划局、钟祥市农业局、华中农业大学、中国地质大学(武汉)、长江大学等单位的专业人员组成评审专家组,对项目工作质量进行了评审验收。专家组认为该项目全面完成了任务书下达的目标任务,工作组织严密、工作部署合理、技术路线正确,各项工作质量指标符合规范要求,工作质量均达到优秀级,并形成成果报告评审意见书。

第二章 调查区概况

第一节 自然地理概况

一、地理区位

钟祥市位于湖北省中北部,汉江中游,江汉平原北端,隶属于荆门市管辖,行政区总面积为 4488km²。地理位置处北纬 30°42′—31°36′、东经 112°07′—113°00′ 之间;南北最大纵距 100.60km,东西最大横距 83.50km,东北邻随州市,东接京山市,南连天门市,西邻荆门市东宝区、掇刀区和沙洋县,西北与宜城市接壤,汉水自北向南穿境而过,将市域分成两部分,西部跨荆山支脉,东部接大洪山西麓。

钟祥市户籍人 103.94 万人(2019 年),以汉族为主,少数民族散杂分布(有 27 个少数民族)。项目调查总面积 4 405.87km²,含 1 个街道、15 个镇、1 个乡、537 个村、3298 个村民小组等。涉及郢中街道、洋梓镇、长寿镇、丰乐镇、胡集镇、双河镇、磷矿镇、文集镇、冷水镇、石牌镇、旧口镇、柴湖镇、长滩镇、东桥镇、客店镇、张集镇、九里回族乡、南湖棉花原种场、官庄湖农场以及罗汉寺种畜场,钟祥市地理位置及行政区划见图 2-1。

二、自然资源

(一)气象

钟祥市地处中纬度,介于大洪山与荆山东南麓之间,属北亚热带季风气候区,太阳辐射季节性差别大,春夏季湿度高、对流强,加之受东亚季风环流的影响,其气候具有四季分明、雨热共享、阳光充足、雨量充沛、无霜期长、气候温和、有效积温高的特点,有利于多种生物的生长。地理上处在湖北省东西气候过渡带(东经112°),临近南北气候过渡带(北纬31°),春季冷暖交替,早春气温回升缓慢,春寒退得较迟;夏季梅雨较多,间有短时酷热和伏旱;秋季时秋旱和阴雨相间出现,有时秋寒来得较早;冬季雨雪较少,严寒期短,常年多有干旱、渍涝、龙卷风等灾害性天气出现。

全年平均气温 15.9℃,月平均气温最高 27.9℃,最低 3.0℃;最热期 7 月,极端最高气温 39.1℃;最冷期 1 月,极端最低气温为 -8℃;无霜期为 253~255d,年平均积温大于 5℃的为 5749℃,大于 10℃的为 5204℃。年均降雨量 952.6mm,其中雨量的季节分配不均,最多雨月为 7 月,月降雨量 164.2mm;最少雨月为 12 月,月降雨量为 21.6mm(图 2-2)。降雨量 ≥

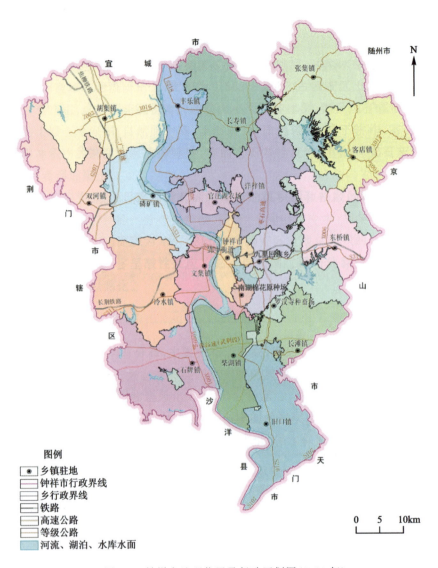

图 2-1　钟祥市地理位置及行政区划图(2020 年)

60mm 的有 6 个月(从 4 月到 9 月),该 6 个月降雨量总和为 715.2mm,占全年总量的 75.08%;降雨量≥100mm 的有 5 个月(从 4 月到 8 月),总和为 625.5mm,占全年总量的 65.66%。全年降雨量不仅一年内分配不匀,而且年际变化大且不稳定,近 70 年中,最少的是 1966 年,年降水量仅有 561.3mm,年变率为 -41.08%;最高的是 1954 年,年降雨量为 1 560.6mm,年变率为 63.83%。

(二)水资源

区内水资源丰富,水质良好,为工业生产、农业灌溉、水能利用和生活用水提供了保障,其中汉江过境水道长 144km,北起宜城流水沟易家湖,南至汉宜公路沙洋桥。根据碾盘山水文站监测,年平均流量为 1493m³/s,年平均径流量 495.70 亿 m³(图 2-3),最大洪峰流量为 2.91 万 m³/s(1964 年 10 月 6 日),最小流量 200m³/s(1960 年),平均流速 3.48m/s,最大流速 5m/s。

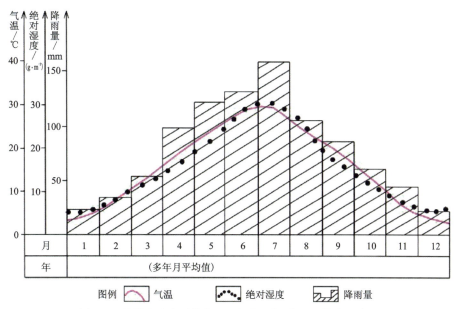

图 2-2 钟祥市多年平均气温、绝对湿度、降雨量统计示意图

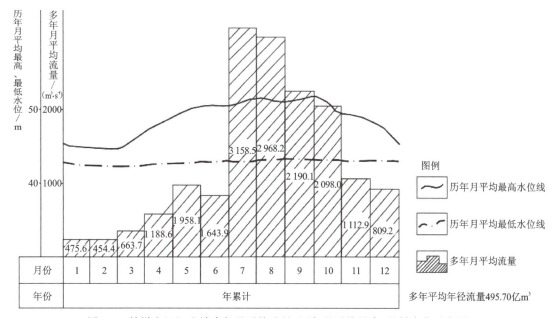

图 2-3 钟祥市汉江流域多年月平均流量、历年月平均最高、最低水位示意图

区内水域面积广阔,库、堰、河流、湖泊众多,水网密布。在汉水流域较大的河流有 23 条,总长 836.6km,其中包括蛮河、利河、竹皮河、丰乐河、直河、扭头港、长寿河、长滩河、郑刘桥河、金刚口等 10 条主要水系,均布汉江左右两侧,总流域面积为 5 985.5km²(不计蛮河),年平

均径流量为 12.48 亿 m^3，是区内主要供水水源。有大小湖泊 35 处，蓄水总量为 5 828.1 万 m^3，大多分布在汉江两岸平原湖区。

(三) 生物资源概况

钟祥市生物资源丰富，生物物种 2000 多种。其中，植被覆盖率最高地区为东北部大洪山地区，植被覆盖率可达 80% 以上。该地带为构造侵蚀剥蚀低山区，地形切割深、坡度陡，降雨充沛，人类工程活动少，利于植被生长。

区内海拔 40~50m 的汉江两岸阶地，主要为人工植被，以粮、棉、油作物为主，种植有小麦、水稻、玉米、芝麻、油菜、花生、大豆、棉花、烟叶、麻类等，蔬菜以白萝卜、胡萝卜、白菜等为主；河岸、路旁和房屋周围的树木大部分为楸、榆、泡桐、椿、柳、杨等。海拔 60~100m 的丘陵地带，主要种植桃、梨、柑橘、枣、杨梅、猕猴桃等水果作物；高丘山林主要是麻栎、锥栗及野核桃、板栗等天然植被。

境内有陆生野生动物 340 余种，其中鸟类 200 多种。国家级保护动物有红腹锦鸡、小灵猫、猫头鹰等 20 种，主要分布在低山丘陵地区，国家二级保护动物 4 种。省重点保护陆生野生动物有小鹿、果子狸、狗獾、猪獾、黄腹鼬、豪猪、红白鼯鼠、豹猫、华南兔、绿头鸭、白鹭、棕腹啄木鸟、画眉、苍鹭、灰雁、乌鸦、环颈雉、八哥、灰喜鹊、董鸡、王锦蛇、银环蛇、湖北金线蛙、黑斑蛙等 24 种，分布在全市各个乡镇。

(四) 矿产资源概况

钟祥市位于扬子准地台成矿区中，成矿地质条件较优越。全市已发现的矿产资源共 8 类 37 种，占全省已发现矿种总数的 26.39%，已探明矿产 22 种 90 处，占全省已探明矿产总数的 1/4，总量较为丰富，主要以建材、化工原料等非金属矿产为主，能源、金属矿产相对匮乏。

化工原料类矿产主要以磷矿为主，次为硫铁矿、电石用灰岩、化肥用灰岩和白云岩、钙芒硝；建材及其他非金属矿产，以水泥用灰岩、累托石黏土为主，还有陶瓷用长石、高岭土、砖瓦用黏土、水泥配料用黏土、制灰用灰岩、建筑石料矿(石灰岩、白云岩、花岗岩、河沙)、大理岩、膨润土、石膏、方解石、叶蜡石、石棉和滑石；水气矿产类有矿泉水资源，主要分布在长滩、客店、长寿等乡镇；冶金辅助原料矿产有耐火黏土、熔剂用白云岩；能源矿产有煤和温泉；贵金属矿产有砂金；有色金属矿产有铜；黑色金属矿产有铁、锰等。其中磷矿石储量达 7.34 亿 t，保有资源储量 8.36 亿 t，基础储量 1.70 亿 t，查明资源储量居全省第二。因此，钟祥市发展磷化工业、精细化工、建筑建材工业具有得天独厚的资源优势，且具备一定的发展基础。

从分布情况来看，全市各乡镇几乎均有矿产资源，但相对集中在汉江以西的胡集镇至冷水镇一带。其中矿产资源分布密集的区域有两片：一片在胡集镇，以磷矿为主，次为冶金白云岩、熔剂用石灰岩及建材类矿产；另一片在双河镇—磷矿镇—冷水镇一带，以建材类矿产为主，次为磷矿及其他非金属矿。

市域内的磷矿、水泥用灰岩、石膏、电石用灰岩和煤矿等优势矿产不仅质量好、分布集中连片，且埋藏浅、层位稳定，易于开采。矿产资源在空间上的集中分布，为集中开采、运输和加工提供了便利的条件，市域内这些矿产的开发已形成了相当的矿业基础，生产力布局与矿产分布基本一致,匹配程度较好。

钟祥市新发现的富硒土壤资源分布广,大部分位于物产丰富的耕地区,土壤多为偏碱性土和中性土,有利于促进农作物对硒的吸收,抑制有害元素的吸收,对发展富硒农产品产业极其有利。

(五)旅游资源概况

钟祥是楚文化的重要发祥地,因"钟聚祥瑞"而得名,是一片古老而神奇的土地,有文字记载的历史长达2700多年,春秋战国时称郊郢,系楚国陪都,战国后期为楚国都城。三国时吴置牙门戍筑城,名为石城,现在还存有部分石城遗址。西晋至明朝为郡、州、府治,明朝时成为全国三大直辖府之一——承天府所在地,有"神秘钟祥,帝王之乡"的美誉。

钟祥市旅游资源十分丰富,依托世界文化遗产地明代显陵、国家历史文化名城、中国优秀旅游城市和中国长寿之乡四大品牌,突出历史文化、自然生态两大特色,是国家级大洪山风景名胜区的重要组成部分,素有"文化之帮、鱼米储仓、长寿之乡、旅游天堂"的称号。现已形成四大景区(表2-1):一是郢中风景区。这里是楚辞文学家宋玉、楚歌舞艺术家莫愁女、明嘉靖皇帝的故乡,是高雅名曲"阳春白雪"的诞生地,历代文人墨客如李白、杜甫、白居易都在此留有墨迹。这里有先楚文化遗址19处,历代建筑群38处。其中全国重点文物单位、明代十五陵——显陵,是中国中南地区唯一的一座帝王陵墓,是中国最大的单体明代帝王陵墓,气势恢宏,蔚为壮观。二是云台观景区。区内有国家级森林公园——大口国家森林公园,森林面积达17万亩(1亩≈666.67m^2),森林覆盖率85%。著名景观有云台观、嵩门寺、白鹿寺、弥陀寺、龙泉庵、鹰子洞、乌龙洞、柳门口瀑布等。三是大洪山风景区。它是国家级风景名胜区,森林茂密,海拔适度(平均海拔700m左右,最高1051m),是理想的避暑胜地。区内有大小溶洞4个,名山、奇树、温泉多处,其中黄仙洞以其大、奇、雄、美而远近闻名,洞内2万多平方米喀斯特地貌为世界罕见。四是温峡风景区。它是以温峡水库为主体的水上风景游览区。

表2-1 钟祥市风景名胜及自然保护区一览表

序号	风景区名称	级别	所在地区	面积/km^2	备注
1	大洪山风景区	国家级	随州市、钟祥市、京山市	305	部分在钟祥市域内
2	明显陵	世界级	钟祥市郢中街道	1.83	2008年,国家AAAA级旅游景区
4	郢中风景区	市级	钟祥市郢中街道	55.5	2004年成立,风景名胜、自然景观
5	温峡风景区	市级	钟祥市客店镇、张集镇、洋梓镇	110.5	2004年成立,风景名胜、自然景观
6	长寿汤池温泉风景区	市级	钟祥市长寿镇	15.75	2004年成立,风景名胜、自然景观

续表 2-1

序号	风景区名称	级别	所在地区	面积/km²	备注
7	大口国家森林公园	国家级	钟祥市东桥镇、长滩镇	15.9	钟祥市自然保护区
8	花山寨自然保护小区	省级	钟祥市洋梓镇	10	钟祥市自然保护区

第二节　社会经济概况

钟祥市社会经济综合实力连续六年进入湖北省十强县市之列,农业综合实力曾位居全国第五、湖北第一,小康建设一直名列前茅,工业形成轻工、纺织、食品饲料、机械汽车、建材、化工等六大支柱产业,全市经济社会发展呈平稳向上的良好态势。

《钟祥市 2019 年政府工作报告》显示,2018 年,全市实现地区生产总值 505 亿元,同比增长 7.5%。其中,全市规模以上工业企业 327 家,实现规模工业总产值 1007 亿元,同比增长 9.9%;一般公共预算收入 20.05 亿元,同比增长 6.8%;固定资产投资同比增长 7.7%;规模工业增加值增速 7.5%;社会消费品零售总额同比增长 12.4%。

1. 农业

"十三五"期间,钟祥市粮、棉、油等主要农作物生产持续增产。2018 年,全市粮食播种总面积 235.38 万亩,粮食总产量 100.68 万 t,棉花产量 0.18 万 t,油料产量 11.72 万 t,蔬菜产量 69.59 万 t;牲畜产量 180.96 万头;水产品产量 14.39 万 t。

2. 工业

2018 年,工业总产值 1007 亿元,同比增长 9.9%。工业固定资产投资同比增长 5%;工业技改投资同比增长 13%,全市新增规模以上工业企业 25 家,达到 327 家,其中入驻长寿食品产业园企业达到 15 家。全市规模以上工业企业实现营业收入 868.42 亿元,比上年增长 4.1%;完成工业增加值增幅 4.9%。其中,磷化工企业 51 家,实现营业收入 203.85 亿元,比上年下降 9%;农产品加工企业 122 家,实现营业收入 440.46 亿元,比上年增长 11.3%。

3. 其他产业

明显陵、莫愁村、大口国家森林公园等旅游景区引领文旅大健康产业发展。"山水客店·国际慢镇"生态旅游康养项目、湖北省首届荆楚乡村文化旅游节、"嗨游钟祥·海抖寿乡"抖音短视频大赛等活动吸引了各地游客,2018 年全年接待游客 1200 万人次,实现旅游总收入 87 亿元,比上年分别增长 11%、17.6%。服务业增加值占地区生产总值比重较上年提高 2 个百分点。

第三节 区域背景

一、区域地貌

钟祥地区自然条件优越,地形复杂多样。调查区地处鄂中山地丘陵与江汉平原过渡地带,汉江两岸是广阔的冲积平原,两侧依次为岗地、丘陵、山地。区内地势呈东西部多山,两侧高,中部平展,从北向南倾斜平缓下降(图2-4)。区内最高海拔1051m(客店斋公岩),最低海拔32m(舒家台),最大高差达1019m。

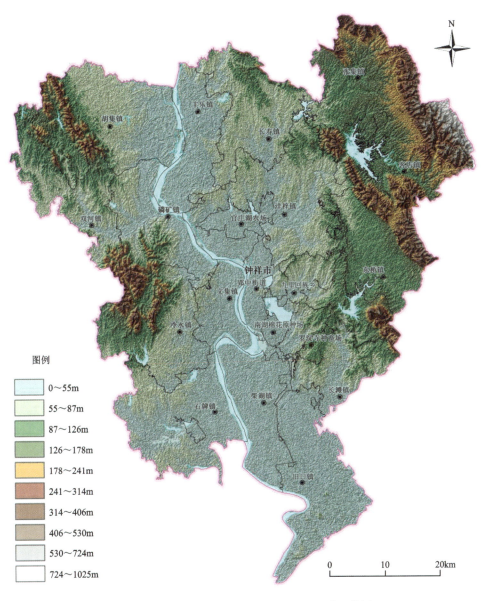

图 2-4 钟祥地区数字高程模型(DEM)地形地貌图

区内地貌可分为山地、丘陵、岗地、平原4部分。

山地：属鄂中低山区，海拔平均在500m，相对高差大于200m。山地面积为916.9km²，占全市总面积的20.43%，东区发源于大洪山余脉，西部属荆山支脉，河东分布在张集、客店、东桥、长滩等乡镇，河西分布于胡集、双河、冷水、磷矿等乡镇。全市山脉南东-北西走向，其中客店镇的老关山、图布岭、高湾尖、云雾岩，张集镇的蓬花山、黑王寨，洋梓镇的花山观海拔都在1000m以上；东桥镇、长滩镇之间的云台观，冷水镇的三角尖山、唐家岩、丰乐岩、花马岭，双河镇的仙女山海拔都在400m以上，坡度20°～30°。

丘陵：平均海拔200～500m，相对高差大于100m，坡度较缓，丘岗、沟壑、冲垄相间排列，起伏较大。由于剥蚀堆积，冲谷下都堆积着较深厚的冲洪积物。面积约为617.5km²，占全市总面积的13.76%，主要分布在东桥镇、罗汉寺种畜场、大口林场、温峡水库等地，另外，在双河镇、磷矿镇、冷水镇、长滩镇、洋梓镇等地也有分布。

岗地：平均海拔50～100m，相对高差10～30m，岗地呈波状分布，地面起伏大，地形分异明显。面积约1 667.7km²，占全市总面积的37.16%，主要分布在胡集镇、双河镇、冷水镇、长滩镇、洋梓镇、长寿镇、双桥镇、东岳镇等地。

平原：是由汉水冲积而成的冲积平原，平均海拔小于50m。在构造上属于汉江沉降带，系新华夏构造体系第二沉降带的一部分，呈北东-南西走向，属第四系沉积，由汉水的近代沉积物构成，地貌上的主要特点是地势平坦，水系紊乱，湖泊较多。东南略高，控制了整个平原的地表径流及地下水的总流向，地面坡度1°～3°。面积1 285.9km²，占全市面积的28.65%。

二、地质背景

（一）构造

根据最新的中国大地构造分区划分方案，区内以汉水为界，以西区域位于扬子陆块北缘（Ⅱ）上扬子古陆块（Ⅱ2）上扬子陆块褶皱带（Ⅱ2-2）乐乡关断隆（Ⅱ2-2-7）中部，以东区域则位于汉水断陷盆地（Ⅱ2-2-6）内。乐乡关断隆是一个以中元古界崆岭群为核部的复式背斜构造，原称为乐乡关地垒，其主体构造近北西-南东向，四周为汉水断陷盆地。

1. 汉水断陷盆地

其范围北起襄阳黄龙观，沿汉水南下，南抵江汉坳陷盆地，东界为南营—长寿一线，西抵神农架-荆门台坪褶皱带。

汉水断陷盆地长70余千米，宽20～30km，呈近南北向展露，由上白垩统、新生界所填充。汉水地震剖面和重力等值线揭示：地堑基底由南向北区域性下降，在南侧，布格重力等值线上出现陈家湾重力低值（-52mGal，1Gal=1cm/s²）。基底埋藏深度4000～5000m。

2. 乐乡关断隆

其范围东起钟祥王家湾—杨坡—胡集一带，以王家湾-胡集断层与东侧汉水断陷盆地分界；西界在南漳县郑家湾—宜城县李家当—钟祥龙会山一线，以郑家湾-双河断层与汉水断陷盆地分界,呈一狭窄的长条形断块,以单面山地貌矗立在汉水西岸。长度约 45km,宽度 6~11km。

组成地层:中元古界崆岭群、下震旦统—三叠系大冶组,周缘被上白垩统—第四系所覆盖。内部发育北北西向逆断层和北东东向横断层。乐乡关断隆是一个被北北西向断层控制的正向上升单元,其上发育的褶皱构造极不完整。

（二）地层

区内出露地层属华南地层大区扬子地层区上扬子地层分区,地层由元古宇至新生界出露比较齐全,仅缺中生界的侏罗系,第四纪河流冲积相和湖积相地层发育,古生界和中生界为以碳酸盐岩和碎屑岩为主的沉积岩,变质岩和岩浆岩出露较少。地层出露齐全,延续性好。各地层单元及岩性特征见表 2-2。

沉积岩除下泥盆统、下石炭统外,皆有出露,以浅海相的碳酸盐岩类岩石为主,岩浆岩类、碎屑岩及内陆湖相半胶结的碎屑岩类和第四系松散堆积物为次。在震旦系陡山沱组中赋存有丰富的磷矿及少量的含钾岩石,与磷矿共生的有白云岩(化工、熔剂用、建筑石料);在古生界中赋存有丰富的石灰岩、白云岩矿产以及钒、锰、铁、煤、累托石黏土、硫铁矿、耐火黏土等矿产;中生界含有丰富的石灰岩(水泥、化工、熔剂用、建筑石料)、白云岩(化工、熔剂用、建筑石料)、石膏、芒硝等矿产;新生界由冲积层、湖积层以及残坡积层组成,以建筑用砂、砂金等矿产为主。

区内中元古代有岩浆活动,仅在钟祥市西部磷矿镇—冷水镇一带见有细—中粗粒黑云母花岗岩岩株侵入寒武系。

（三）水文地质特征

根据含水介质特征、地下水赋存条件和水动力特征,区内共划分为 6 个含水岩组类型,包括松散岩类孔隙水、碎屑岩类裂隙孔隙水、碎屑岩类裂隙水、碳酸盐岩夹碎屑岩裂隙岩溶水、碳酸盐岩类岩溶水、岩浆岩类裂隙水。富水性分为弱、中等、强、极强四级,相应地下水类型及各含水岩组的特征和评价分述如下。

1. 松散岩类孔隙水

该含水岩组分布于汉江两岸河谷平原及岗波状平原,含水层由砂、砂砾石组成,水量丰富,单井涌水量一般 500~1000t/d。一级阶地前缘水量极丰富,单井涌水量可达 1000~5000t/d。岗波状平原区单井涌水量仅 8.81~56.6t/d,水量贫乏。

2. 碎屑岩类裂隙孔隙水

该含水岩组由掇刀石组半胶结砂岩、砂砾岩组成,分布于石牌—长滩—易家岭一线以南。钻孔单位涌水量 10~100t/d,最大达 152.98t/d,富水性中等。

表 2-2 调查区地层简表

界	系	地层层序 统	群/组	地层单位及代号	厚度/m	岩性描述
新生界	第四系	全新统		Qh^{al}、Qh^{el}	0～15	砂土、灰黄色亚砂土、亚黏土、黏土、砂砾石层
		更新统		Qp^{al}、Qp^{el}	0～50	冲积层:砂砾石层,砂土、亚砂土、亚黏土。残坡积层:碎石角砾、黏土、弱网纹角砾黏土
	新近系		掇刀石组	Nd	80	灰白色、肉红色中厚层泥灰岩夹灰绿色黏土层,底部灰白色砾岩
	古近系	古新统	龚家冲组	E_1g	474	巨厚层砾岩、含砾砂岩、泥质粉砂岩、厚层砂岩、粉砂岩、粉砂质泥岩、泥页岩夹透镜状泥灰岩
中生界	白垩系	上统	跑马岗组	K_2p	330	粉砂岩、页岩、泥岩、细砂岩
			红花套组	K_2h	350	砾岩、含砾长石石英砂岩、细粒长石石英砂岩、粉砂岩、泥岩、页岩、泥质粉砂岩、中厚层细晶灰岩,生物屑灰岩
			罗镜滩组	K_2l	33～600	冲积扇沉积体:块状角砾岩、巨厚层粗砾岩,夹岩屑砂岩、泥质粉砂岩。辫状河流沉积体:厚层状砂砾岩、含砾岩、岩屑石英砂岩、石英粗砂岩
	三叠系	中—下统	嘉陵江组	$T_{1-2}j$	175～640	上部为白云质石灰岩夹角砾状石灰岩;下部为灰色及褐黄色泥质条带石灰岩
			大冶组	T_1d	109～272	中厚层状泥粒灰岩、灰泥灰岩、颗粒灰岩、砾屑灰岩夹白云岩,下部夹黄绿色页岩
古生界	二叠系	上统	大隆组	P_3d	12.96	碳质页岩夹碳质灰岩、硅质岩、硅质页岩
			下窑组	P_3x	27.01	中层状泥粒灰岩夹碳质灰岩
			龙潭组	P_3l	9.58	粉砂岩、粉砂质黏土岩、碳质页岩或煤层
		中统	茅口组	P_2m	210.61	厚层含燧石生物碎屑灰岩,夹薄层硅质岩和薄灰岩
			栖霞组	P_2q	130.95	中层状含碳质瘤状生物屑灰岩、含燧石结核生物碎屑灰岩、生物屑微晶灰岩
		下统	梁山组	P_1l	14.51	细粒石英砂岩、石英粉砂岩、碳质页岩
	石炭系	上统	黄龙组	C_2h	56.22	厚层状生物屑灰岩、粒屑灰岩
			大埔组	C_2d	22.48	中厚层含鲕粒砂屑白云岩、细晶白云岩夹白云质角砾岩

续表 2-2

地层层序			地层单位及代号	厚度/m	岩性描述
界	系	统	群/组		
古生界	泥盆系	上—中统	黄家磴组 D_3h	12.49	薄—中层状粉砂质泥岩、含海绿石钙质细粒石英砂岩、含铁石英砂岩
			云台观组 $D_{2-3}y$	16.59	中—厚层状细粒石英砂岩、石英岩状砂岩、含铁石英砂岩夹粉砂岩
	志留系	中—下统	纱帽群 $S_{1-2}S$	325.36	粉砂岩、中层状细粒石英杂砂岩夹粉砂质页岩
			罗惹坪组 S_1lr	359.83	粉砂质页岩、粉砂岩夹细砂岩、生物碎屑灰岩
			新滩组 S_1x	626.12	粉砂质页岩、粉砂质黏土岩、水云母页岩
			龙马溪组 S_1l	27.27	碳质页岩、硅质页岩夹薄层硅质岩
	奥陶系	上—中统	宝塔组 $O_{2-3}b$	52.58	中—厚层状龟裂纹灰岩、泥质瘤状灰岩、生物碎屑灰岩,底顶夹少量页岩
			庙坡组 O_2m	1.48	碳质页岩、泥质页岩夹泥质灰泥岩透镜体
			牯牛潭组 O_2g	18.45	泥质瘤状生物碎屑灰岩、泥质条带灰岩,含锰矿
		下统	大湾组 O_1d	18.5	中—薄层状生物屑灰岩、中层状瘤状泥质灰岩、生物屑页岩、页岩
			红花园组 O_1h	3.93	中厚层细晶生物碎屑灰岩、生物灰岩
			南津关组 O_1n	29.48	中厚层状砂屑白云岩、含燧石白云岩、生物屑灰岩、砾屑砂屑灰岩,顶部夹页岩
	寒武系	中统	娄山关组 $\in_2O_1l$	126.1	中—厚状细晶白云岩、含藻屑砂屑白云岩、中—厚层状鲕粒白云岩,夹白云岩角砾岩
			覃家庙组 $\in_2q$	127.79	薄—中层状含藻屑砂屑白云岩、含燧石细晶白云岩夹藻纹层白云岩、页片状白云质灰岩、白云质粉砂岩
		下统	石龙洞组 $\in_1sl$	62.59	灰色、灰白色厚层状细晶白云岩
			天河板组 $\in_1t$	49.97	薄层泥质条带含黏土质微晶白云岩夹中层细晶白云岩、豆粒或核形石白云岩、含生物碎屑白云岩
			石牌组 $\in_1s$	87.63	中—厚层含泥质条带白云岩、粉晶白云岩、粉晶砂屑灰岩、灰泥岩,薄层状生物屑粉砂岩,中—厚层状豆粒鲕粒白云岩、水云母页岩、薄层状粉砂岩

续表 2-2

地层层序				地层单位及代号	厚度/m	岩性描述
界	系	统	群/组			
古生界	寒武系	下统	刘家坡组	$\in_1 l$	75.93	粉砂质白云岩、细晶白云岩夹薄层鲕粒细晶白云岩、生物屑白云岩、薄—中层状碳质泥岩、碳质灰泥岩
上元古界	震旦系	上统	灯影组	$Z_2\in_1 d$	680.4	含燧石白云岩、含藻砂屑白云岩、鲕粒豆粒白云岩、细晶白云岩,上部夹喀斯特化角砾岩
		下统	陡山沱组	$Z_1 d$	216.5	灰色—紫灰色含磷泥质细晶灰岩
	南华系	上统	南沱组	$Nh_2 n$	0.83~3.0	冰碛砾岩、含砾砂岩、砂岩夹灰绿色水云母页岩
		下统	莲沱组	$Nh_1 n$	8.1	紫红色中厚层状含砾粉砂质水云母黏土岩夹含粉砂质水云母黏土岩
中元古界			崆岭群	$Pt_2 K$	>100	花岗片麻岩、绿泥石片岩等

3. 碎屑岩类裂隙水

该含水岩组由 E_1、K_2、T_1、D_2、Pt 砂岩、砂砾岩组成,裂隙不发育,水量贫乏,泉流量 1.08~9.7t/d,分布于冷水铺以西,钟祥东北部,富水性弱。

4. 碳酸盐岩夹碎屑岩裂隙岩溶水

该含水岩组由 P、O_{2+3}、Pt 灰岩、泥质灰岩、白云岩夹页岩、板岩组成。二叠系含水量极丰富,泉流量达 785.12~3 371.49t/d,奥陶系泉流量 121.39~220.49t/d,元古宇的白云岩泉流量 12~106.8t/d。与上述的碳酸盐岩含水层相间分布,富水性弱—中等。

5. 碳酸盐岩类岩溶水

该含水岩组由 T_1、P_{1-2}、C_2、O_1、$\in_1$、Z_{1-2} 灰岩、泥灰岩、白云质灰岩、白云岩等组成,岩溶发育,泉流量一般为 131.24~873.43t/d,最大者可达 6 618.93t/d,富水性中等—强。分布于胡集以西及易家岭一带。

6. 岩浆岩类裂隙水

该含水岩组由大别期、扬子期的花岗岩及辉绿岩组成,裂隙不发育,泉流量 1.21t/d,富水性弱。于冷水铺以北、胡集北西零星分布。

第二章　调查区概况

第四节　土地资源概况

一、土地利用

以钟祥市第三次全国国土调查成果的数据为基础数据库(214 890 个图斑单元),调查区土地总面积为 4 405.87km^2(含屈家岭管理区 25.91km^2)。调查区耕地面积 2 042.77km^2,占调查区土地总面积的 46.36%,其中水田面积 957.59km^2,约占调查区耕地面积的 46.88%;旱地面积 1 076.19km^2,约占调查区耕地面积的 52.68%;水浇地仅占 0.44%。园地面积 48.19km^2,约占调查区土地总面积的 1.09%;草地面积 3.91km^2,约占调查区土地总面积的 0.09%,具体见表 2-3。

表 2-3　钟祥地区土地利用现状统计表

地类	土地利用	编码	图斑数量/个	面积/km^2	比例/%
耕地	水田	0101	20 977	957.59	21.73
	旱地	0102	32 221	1 076.19	24.43
	水浇地	0103	546	8.99	0.20
	合计		**53 744**	**2 042.77**	**46.36**
园地	茶园	0201	30	1.03	0.02
	果园	0202	1837	46.97	1.07
	其他园地	0204	21	0.19	0.004
	合计		**1888**	**48.19**	**1.094**
草地	人工牧草地	0403	1	0.001 7	0.00
	其他草地	0404	367	3.90	0.09
	合计		**368**	**3.901 7**	**0.09**
林地	乔木林地	0301	11 923	942.21	21.39
	竹林地	0302	359	1.47	0.03
	灌木林地	0305	1012	57.05	1.29
	灌丛沼泽	0306	1	0.002 7	0.000 1
	其他林地	0307	17 964	362.30	8.22
	合计		**31 259**	**1 363.032 7**	**30.94**
水域	河流水面	1101	1201	129.92	2.95
	湖泊水面	1102	7	14.30	0.32
	水库水面	1103	774	100.11	2.27
	坑塘水面	1104	42 091	230.02	5.22
	内陆滩涂	1106	179	37.77	0.86
	沟渠	1107	7411	36.41	0.83
	水工建筑用地	1109	552	17.08	0.39
	合计		**52 215**	**565.61**	**12.84**

续表 2-3

地类	土地利用	编码	图斑数量/个	面积/km²	比例/%
建设用地	采矿用地	0602	311	13.31	0.30
	城镇村道路用地	1004	2627	5.28	0.12
	城镇住宅用地	0701	860	28.89	0.66
	港口码头用地	1008	13	0.30	0.01
	工业用地	0601	810	25.32	0.57
	公路用地	1003	874	20.15	0.46
	公用设施用地	0809	273	1.59	0.04
	公园与绿地	0810	56	0.54	0.01
	机关团体新闻出版用地	0801	686	3.75	0.09
	交通服务场站用地	1005	115	1.16	0.03
	科教文卫用地	0802	304	4.91	0.11
	农村道路	1006	22 527	51.15	1.16
	农村宅基地	0702	41 514	200.63	4.55
	商业服务业设施用地	0507	388	4.13	0.09
	特殊用地	0906	381	4.90	0.11
	铁路用地	1001	127	2.69	0.06
	物流仓储用地	06—1	213	1.91	0.04
	合计		72 079	370.61	8.41
其他土地	空闲地	1201	7	0.07	0.001 6
	裸土地	1206	75	0.42	0.01
	裸岩石砾地	1207	16	0.14	0.003 2
	设施农用地	1202	3239	11.13	0.25
	合计		3337	11.76	0.27
	土地利用总计		214 890	4 405.874 4	100

注:数据来源于钟祥市第三次全国国土调查图斑,因四舍五入,数据存在较小误差。

由表 2-3 可见,作为粮、棉、油、土特产综合产区的农业大市,全市耕地、园地、林地、草地等农业用地面积共计 3 457.91 km²,占调查区土地总面积的 78.48%,占据主导地位。其中耕地所占比重最大,土地垦殖率达到 46.36% 以上,高于全省平均水平 26.63%。

土地利用受地形地貌的限制和人为活动的影响,北部低丘、垄岗区,土壤养分缺乏,人口较少,地形坡度均大于 25°,土地资源开发利用程度较低,大部分耕地都退耕还林;中部、西部和南部的平原区,土地肥沃,地势平坦,水利设施齐全,人口密度大,人均耕地面积少,绝大部分后备土地资源已被开垦利用。目前,全市在土地利用上存在的主要问题:一是随着社会城镇化和工业化的发展,建设用地面积逐年增加,耕地面积不断减少,耕地后备资源严重不足;二是由于农民重用地、轻养地,重投入、轻产出,重无机肥、轻有机肥,耕地质量下降。

二、土壤类型

土壤成土母质有第四系黏土,近代河流冲积物和石灰岩、板岩、砂页岩风化物。全市土壤分为6个土类,14个亚类,44个土属,241个土种。在6个土壤类型中,以水稻土、潮土为主,二者占总耕地面积的96.18%,黄棕壤、石灰岩土、紫色土等3个土类仅占3.82%(图2-5)。

图2-5 钟祥地区土壤类型图

(一)水稻土

水稻土分布广泛,在各类成土母质上均有发育,是钟祥市主要耕地土壤,分布在洋梓镇、长寿镇、胡集镇、双河镇、冷水镇、石牌镇、长滩镇、丰乐镇、磷矿镇、东桥镇、郢中街道、罗汉寺种畜场、双桥镇、东岳镇的全部丘陵与岗地,涉及270个村,面积1722km²,占调查区土地总面积的39.08%。根据水耕熟化程度不同,划分为3个亚类。

(1)淹育型水稻土亚类:该亚类占水田面积的40.44%,主要分布在丘陵、岗地或缓丘顶部,大多为新平整的水田,水源缺乏,熟化程度低。

(2)潴育型水稻土亚类:该亚类占水田面积的59.34%,分布地形部位较高,排灌条件好,水耕时间长,土壤水、气、热状况协调,多为当家田。

(3)沼泽型水稻土亚类:该亚类为地下水型水稻土,面积仅占0.22%,发育于各种成土母质,零星分布于各地,由于所处地形部位低,地下水位接近地表,终年积水,水冷泥烂,水稻生长前期迟发,后期晚熟,产量很低。

(二)潮土

潮土主要分布在汉江两岸的平原湖区和小河小溪两岸,一般土层都比较深厚,耕性良好、宜种性广、土质肥沃,是麦、棉、油、豆及蔬菜等旱作耕地高产土壤,面积1 004.84km²,占调查区土地总面积的22.81%。根据有无石灰性反应,划分为潮土和灰潮土两个亚类。

1. 潮土

该亚类一般无石灰性反应,多属微酸至微碱性土壤,养分丰富,有机质含量高,其他性状基本与灰潮土相似。根据耕层质地不同,分为沙土型、壤土型、黏土型等3个土属,共11个土种。面积52.94km²,占调查区土地总面积的1.20%,此土壤类型零散分布在滨湖区域较高地段,母质为湖相沉积物。

2. 灰潮土

该亚类土层深厚,普遍有石灰性反应,pH值多呈偏碱性土壤,自然肥力和熟化程度均较高,并有"夜潮"现象。根据耕层土壤质地,分成沙土型、壤土型和黏土型等3个土属,共27个土种。面积为951.91km²,占调查区土地总面积的21.61%,多集中分布在沿汉江两岸一带,发育于近代河流冲积物。

(三)黄棕壤

黄棕壤主要发育于第四纪黏土沉积物,板岩、红砂岩灰岩风化物。黄土为耕地主要土种,质地黏重,耕性差,影响出苗,怕渍怕旱,土壤养分含量中等,适合种旱杂。主要分布在北部低山丘陵地区客店、张集、大口、盘石岭等乡镇(场)以及东桥镇的三星村,共计51个村,面积1 400.46km²,占调查区土地总面积的31.79%,农作物以水稻为主。林荒地土壤以页岩发育的最多,土层较厚,含砾石量不等,林灌茂密,是钟祥市主要林业土壤。

(四)石灰土

石灰土主要发育于低山丘陵地区的坡麓和岗地,为石灰岩、白云质灰岩、泥质灰岩的残积物或坡积物,多为林荒地,分布在客店镇和张集镇的少数地区,面积约 91.8km²,占调查区土地总面积的 2.08%。

三、成土母质

成土母质是土壤形成的物质基础。母质因素在土壤形成上具有极重要的作用,它直接影响土壤的矿物组成和土壤颗粒组成,并在很大程度上支配着土壤的物理、化学性质以及土壤生产力的高低。钟祥境内出露地表的岩石大多数为沉积岩,根据沉积的地质历史时期和岩石性质的差异,成土母质种类主要有以下 6 种类型(图 2-6)。

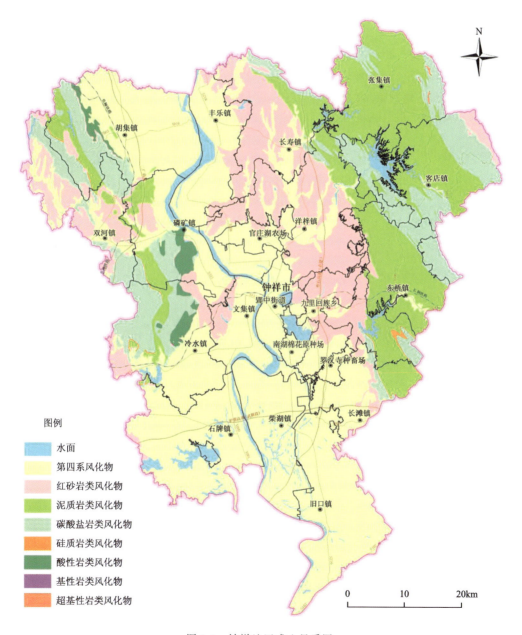

图 2-6 钟祥地区成土母质图

（一）第四系风化物

第四系风化物主要由近代河流冲积物和第四系黏土沉积物组成，分布面积1 999.98km²。

近代河流冲积物：主要是汉江及其支流长寿河、长滩河、利河水系等沉积物作为母质基础，广泛分布于河漫滩和河流阶地上，面积为1 582.95km²，占调查区土地总面积的35.93%。由于流水的分选作用，这些河流沉积物的颗粒大小及泥沙比例，都呈现有规律的水平分布，冲积母质形成的土壤土层深厚，自然肥力高，土质疏松，质地较轻，易于耕作，富含有效养分，施肥见效快。因冲积物的来源和水质的差异，有的有石灰性反应，有的则无石灰性反应。前者形成灰潮土，后者形成潮土。

第四系黏土沉积物：成土母质为没有固结成岩的沉积物和松散的堆积物，土层下部和山丘顶部夹有较多的卵石和沙砾。分布在柴湖、旧口、石牌以及冷水、胡集等乡镇汉江第二级阶地，岗地边缘也有零星分布，面积为417.03km²，占调查区土地总面积的9.47%。第四系黏土母质发育的土壤，质地黏重，多呈酸性反应。黏土层和网纹层质地黏重，通透性差；卵石层砾石分选性差，肥力低，难以熟化。

（二）泥质岩类风化物

泥质岩类在低山、丘陵均有分布，主要分布于张集、客店、东桥等地区，面积为825.33km²，占调查区土地总面积的18.73%。主要类型有志留纪灰绿色页岩、泥岩、砂质页岩和新近纪的灰白色泥质岩等。此类岩石以物理风化为主，母岩裸露后，易受雨水冲刷侵蚀，只需一个冬季即可风化为碎屑。发育于砂质页岩上的土壤，土壤剖面岩层层次不明显，土体内含有较多的母岩半风化产物，土体不厚，质地轻，呈条带状，肥力低，保水保肥性差，有机质含量低；发育于泥质页岩的土壤，质地黏重，通气性差。

（三）硅质岩类风化物

母岩为泥盆纪灰白色石英砂岩。主要集中分布于冷水地区，常与石灰岩交错呈带状分布，面积为9.74km²，占调查区土地总面积的0.22%。石英岩岩体坚硬，抗风化力强，成土缓慢，其风化产物上发育的土壤质地一般都较轻，呈酸性反应。

（四）红砂岩类风化物

母质为白垩纪棕红色砂岩、粉砂岩、砾岩和南华纪含砾砂岩等。主要分布于丰乐、长寿、洋梓、九里等地区的丘陵地带，双河西部、磷矿南部小面积分布，面积为756.13km²，占调查区土地总面积的17.16%。红砂岩硬度小，物理风化强，碎屑颗粒粗，水土流失严重。红砂岩风化母质上发育的土壤砂性重，质地轻，多为砂土—砂壤土，通透性强，吸收性能差，有机质积累少，养分缺乏。

（五）碳酸盐岩类风化物

母岩主要为震旦纪、寒武纪、奥陶纪、二叠纪、三叠纪各个地质时期沉积的石灰岩。分布面积较广，主要位于客店、东桥、胡集、双河、磷矿、冷水、长滩等乡镇，面积为577.51km²，占调查区土地总面积的13.11%。石灰岩主要成分是碳酸钙，以化学风化为主，含砾石结构和硅质页岩的石灰岩，土体内有较多大小不一的岩石碎屑，而形成石渣子土。石灰岩风化母质上发育的土壤质地黏重，结构不良，通气性差，部分较为幼年形成的石灰（岩）土，呈不均匀的石灰反应，土壤近于中性和碱性。

（六）酸性岩类风化物

母岩为中元古界崆岭群花岗岩、片麻状花岗岩。主要分布在胡集镇荆襄磷矿东部和磷矿镇南部—冷水镇北东部一带，面积52.40km²，占调查区土地总面积的1.19%。

第三章 工作方法与技术标准

第一节 工作流程和执行标准

一、工作流程

项目基本工作思路是紧密围绕国土规划和管护面临的土地质量问题,以《土地质量地球化学评价规范》(DZ/T 0295—2016)为准则、以土地质量地球化学现状为依据、以地质调查技术为手段、以成果应用转化为目标,实现土地数量和质量的科学管护(图3-1)。

具体程序如下:

(1)充分收集整理区内地质、土壤类型、农业地质调查、第三次全国国土调查、农用地分等定级(耕地质量评价)等成果资料,以《土地质量地球化学评价规范》(DZ/T 0295—2016)为依据,以生态地球化学理论为指导,以科学量化土地质量,实现土地利用动态管理和成果数据查询、利用为目的进行综合评价。

(2)依据土地中各项养分元素和有害指标含量水平及其对土地生产功能影响程度进行系统研究和质量级别评定,以服务于土地质量与生态管理和土地资源合理利用为宗旨。

(3)以土壤、大气干湿沉降、灌溉水地球化学调查数据为主要指标,以元素在大气、水体和生物体中含量分布为辅助指标,对土地质量、价值及风险进行评估,为国土空间规划提供依据。

(4)以土壤、农作物中 Se、Zn、Ge、Sr 等有益元素含量水平开展等级评价,划定天然富硒土地资源,综合土壤养分和环境质量提出富硒等有益元素产业园开发建设等建议。

(5)通过土地质量地球化学评价指标的筛选,依据评价标准和评价方法,对土地种植适宜性进行分区,对农业综合开发利用、生态环境风险防控和土地生态功能区提出科学建议。

(6)结合优质土地资源与农产品安全评价,开展特色农业产地环境适宜性评价和产业布局研究,为评价成果应用于农业优势种植分区和产业规划中提供科学的方法和合理的建议。

二、评价标准及技术规范

项目在实施过程中主要执行以下规范及标准。

《土地质量地球化学评价规范》(DZ/T 0295—2016)

《土壤环境质量农用地土壤污染风险管控标准(试行)》(GB 15618—2018)

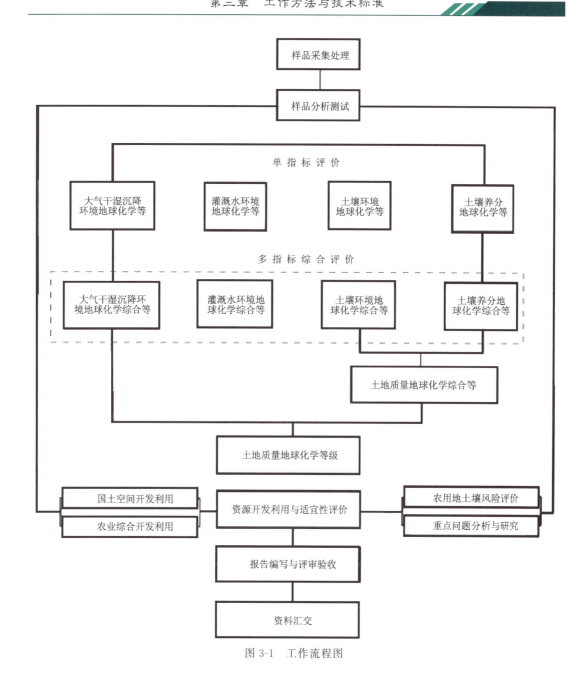

图 3-1 工作流程图

《区域生态地球化学评价规范》(DZ/T 0289—2015)
《地表水环境质量标准》(GB 3838—2002)
《地下水质量标准》(GB/T 14848—2017)
《饮用天然矿泉水标准》(GB 8537—2008)
《农田灌溉水质标准》(GB 5084—2021)
《区域地球化学样品分析方法》(DZ/T 0279—2016)
《地质矿产实验室测试质量管理规范》(DZ/T 0130.1—2006)

《生态地球化学评价样品分析技术要求（试行）》（DD 2005—03）

《土地利用现状分类》（GB/T 21010—2017）

《中国土壤分类与代码》（GB/T 17296—2009）

《农用地质量分等规程》（GB/T 28407—2012）

《基本农田划定技术规程》（TD/T 1032—2011）

《生态地球化学预警技术要求》（DD 2014—09）

《土地质量地球化学监测技术要求》（DD 2014—10）

《区域地质图图例》（GB/T 958—2015）

《多目标区域地球化学调查数据库标准》（DD 2010—04）

《地质数据库建设规范的结构与编写》（DZ/T 0274—2015）

《湖北省土地质量地球化学评价技术要求》（试行）（2020-05-01）

《湖北省土地质量地球化学评价村级土地质量档案建设技术规定》（试行）（2020-05-01）

《富硒食品硒含量分类标准》（DB36/T 566—2017）

《食品安全地方标准　富有机硒食品硒含量要求》（DBS 42/002—2022）

《食品安全国家标准　食品中污染物限量》（GB 2762—2021）

《食品安全国家标准　食品中农药最大残留限量》（GB 2763—2021）

《食品安全国家标准　预包装食品营养标签通则》（GB 28050—2011）

《土地基本术语》（GB/T 19231—2003）

《富硒稻谷》（GB/T 22499—2008）

第二节　野外工作方法与技术要求

土地质量地球化学评价调查工作采取点面结合的调查方法。按照图斑单元布设各类调查点，开展土壤环境调查、水地球化学调查、大气环境调查。以采集表层土壤样品为主，土壤水平和垂直剖面样品等为辅，来揭示土地质量的内在因素；以采集灌溉水样品、农作物样品、大气干湿沉降样品，来揭示土地质量的外在因素。

一、土壤地球化学测量

1. 工作概况

全区共完成1∶5万表层土壤调查面积4405 km^2，采集表层土壤样品18 788件（含重复样381件）。完成1∶1万表层土壤调查面积268 km^2，采集样品3582件。

2. 工作流程

采用"湖北省土地质量地球化学调查样品采集系统"进行样品采集；采样前将设计点位坐标导入该系统，依据系统引导定点、采集、记录。采样记录统一采用APP终端进行电子化记录，用下拉菜单或者文字输入填写电子信息。定点、采样、记录完成后，按时将当天采集的样品标注在野外工作手图上。当天工作结束后,由项目负责人或技术负责人对采样点航迹及采样记录进行审核,对遗漏和不合格的样点及时补采。

3. 采样方法与记录

采样位置以所采样品具有代表性为原则。采样点位选择在合理的位置,采样点主要在耕地、园地、草地及药材基地等土层较厚的地带,不在水土流失严重或表土被破坏处采样;同时避开沟渠、林带、田埂、路边、旧房基、粪堆及微地形高低不平等无代表性的地段。

样品采集保留表层浮尘,垂直采集地表至 20cm 深处的土壤柱。土壤采集使用竹铲或木锹直接采取样品,且保证上下均匀采集,以 GPS 定位点为中心,在 20~50m 范围内多点组合采样,合成一个混合样。采样时将各分样点采集的土壤掰碎,挑出根系、秸秆、石块、虫体等杂物,避开施肥点、肥料残块等,充分混合后,四分法留取 1.0~1.5kg 装入样品袋,样品原始质量不低于 1000g。

4. 样品加工

土壤样品加工包括样品干燥、过筛、装样、送样等步骤(图 3-2)。土壤表层样品自然干燥后,初加工后送化验室,加工时先过 10 目筛,不能通过的用木槌敲碎直至全部通过,过筛后的样品混匀,采用 4 分法留取 500g,其中 300g 装入塑料瓶作为副样留存,200g 装入纸样袋送检。

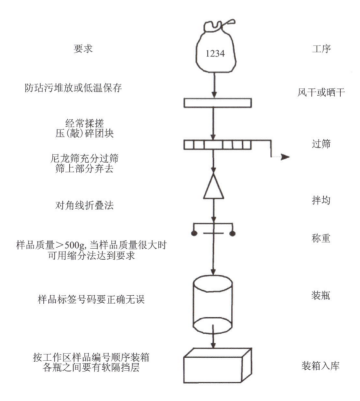

图 3-2 土壤样品野外初加工示意图

土壤有效态样品经过阴干后直接送化验室分析。样品的采集、运输、保管、晾晒、加工由不同人员分别进行，有效避免了样品之间的交叉污染。

二、有效态及有机污染物调查

1. 采样概况

有效态、有机污染物样品全部在耕、园、草地区采集，其中有效态样品与1∶5万表层样品同点采集，在全区内均匀分布；有机污染物样品在耕地采集后冷藏保存。

2. 采样方法

有效态采样方法同1∶5万表层土壤；有机污染物样品按要求单点采样，样品采集后用棕色广口瓶盛装，置于车载冰箱4℃以下环境，一周内送至实验室分析。

三、生态环境地质调查

在充分利用现有成果资料的基础上，采用遥感解译与现场调查相结合的方法开展生态地质调查工作。首先利用最新的遥感影像进行生态功能进行分区，野外调查按2km的间距进行路线调查。

1. 工作内容

（1）针对农业种植情况开展调查，了解钟祥市农业生产、工业企业、水质状况、地质灾害及隐患、高效种植区分布情况，同时对特色农产品沙梨、地瓜、葛根、泉水柑等开展重点调查。

（2）对全区开展遥感解译工作，结合钟祥市土地质量、大气环境、土地利用等因素，开展地质环境承载力的研究。

2. 调查方法技术

分别描述各个自然性状观察点的地貌特征、地质背景、土壤类型、土地利用、矿点分布、地质灾害、农业种植、工业以及农业产业园现状等信息，观察当地土壤、大气、水体和植被等环境状况，并拍照记录。

四、水环境调查

1. 工作概况

项目共完成灌溉水采样183处，均匀分布于全区各个农田灌溉区。

2. 采样方法

在7月底至8月初农作物灌溉期进行采样，采用手持终端定点，在灌溉水（地表水）取水口或其上游位置进行瞬时采样。采集现场测试水体的pH值和水温等指标。取样前先用待取水洗涤装样品瓶和塞子3次，然后把取样瓶沉入水中20～30cm深处取样，做到"轻扰动"水体。取水样 5 瓶,针对不同的待测元素,现场加入不同的保护剂,在 7d 内送达实验室分析。

原水样:测定硼、锶、氟化物、硫酸盐、氯化物、硝酸盐、高锰酸盐指数、总硬度、溶解性总固体、pH、六价铬、总磷。用聚乙烯塑料壶采集 2500mL 水样,取澄清水样后,注满,瓶盖拧紧,不留空隙。防振动,存放在阴凉处。

硝酸酸化水:测定总砷、镉、铅、铜、锌、硒、铁、锰、钒。用聚乙烯塑料瓶或玻璃瓶采样 1000mL,取澄清后的 1000mL 水样贮存于干净的聚乙烯塑料瓶或玻璃瓶中,立即加入 10mL(1:1)HNO_3 摇匀,石蜡封口。

硝酸重铬酸钾水:测定总汞。先在塑料瓶中加入 20mL 浓 HNO_3 及 10mL 5% $K_2Cr_2O_7$ 溶液,再注入采取的 1000mL 水样,摇匀密封保存。

硫酸酸化水:测定总氮。先在塑料瓶中加入 1:1 的硫酸 10mL,再注入采取的 1000mL 水样,摇匀密封保存。

碱化水:测定硫化物。先在深色玻璃瓶中加入 20%醋酸锌 20mL+2mL 4%氢氧化钠,再注入 1000mL 水样,避光保存。

五、肥料样采集

采集了不同种类和不同厂家生产、当地使用广泛的大宗肥料,全区共采集 166 件肥料样品,样品覆盖整个种植区。

在每个采样点,实地调查农民施肥具体情况,按照实际施肥种类进行化肥样品采集,并记录每种肥料当年使用次数、比例、施用的数量,采集的样品质量均大于 500g。

六、大气干湿沉降监测

1. 工作概况

按 1 点/100km² 的密度布设了 45 个监测点,每个监测点放置两个接尘缸,放置于距离地面 10~15m 处的屋顶平台,监测时长为 1 个环境年,每半年采集 1 次样品。

2. 采集方法

每半年按规范要求回收 1 次样品,分 2 次采集样品。回收样品时,采用具有橡皮头的玻璃棒把缸壁擦洗干净,将缸内溶液和尘粒全部转入 50L 干净的容器中,及时送实验室进行干湿分离机分析测试。

七、地球化学剖面测量

1. 土壤水平剖面测量

1)工作概况

全区共开展了 52 条土壤水平剖面测量,剖面长度 146.72km,采集土壤水平剖面样 1524 个。

2)样品采集

采样间距为 100m,依据元素含量的变化情况以及土地利用情况适当调整。采集表层土壤样,采样深度0～20cm,采用手持GPS定点,每点采用专用土壤剖面采样记录卡片,记录采样点地层、土壤、环境等信息。

2. 土壤垂直剖面

1)工作概况

土壤垂直剖面223个,分层次共采集土壤样品1115个,同步采集土壤形态样179件,理化性质样品162件,矿物成分样148件。

2)采集方法

对土壤垂直剖面现场分层,分别取样。仔细观察土体构形和土壤剖面变化,根据土壤垂直变化分层取样,采集土壤全量分析样品,采集土壤矿物成分分析样品;作土壤剖面描述图,记录土壤剖面的岩性特征和取样位置,并拍摄记录土壤剖面影像。

3. 岩石地球化学剖面

1)工作概况

选择基岩出露较好的地区布设了14条岩石剖面,剖面长度21.92km,全区共采集样品216件。岩石剖面控制了不同的地质背景、土壤类型及土地利用区。

2)采集方法

重点采集地球化学高背景地层区岩石样品。采集新鲜基岩,样品原始质量不低于500g。野外记录使用统一的岩石剖面记录表。记录表内容应逐项填写,对采样点及其附近的构造、矿化、蚀变现象进行观察并记录拍照。

八、农作物样品采集

1. 工作概况

根据钟祥市农业种植结构,全区采集的农作物样品主要有四大类:①粮油类(水稻、小麦、玉米、油菜、花生、黄豆);②蔬菜类(白菜、地瓜、萝卜);③林果类(砂梨、柑橘);④特色农产品类(食用菌、葛根),共完成生物及其根系土样品采集1109件(不含根茎叶)(表3-1)。

表 3-1 专项生物采样完成情况表

农作物名称		预布数量/件	采集数量/件
粮油类	水稻(SD)	230	260
	小麦(XM)	230	279
	玉米(YM)	150	162
	油菜(YC)	90	94
	黄豆(HD)	60	77
	花生(HS)	30	30

续表 3-1

农作物名称		预布数量/件	采集数量/件
果蔬类	砂梨(SL)	60	51
	柑橘(GJ)	30	30
	白菜(BC)	60	44
	萝卜(LB)	50	44
	地瓜(DG)	10	10
特产类	葛根(GG)	10	10
	香菇(XG)	20	18

2. 样品采集过程

1）水稻、小麦、黄豆、油菜样品

在果实成熟期采集籽实，采集时统一留茬高度 3～5cm；在田块内选择 3 个以上不同位置按 1m×1m 面积采取，然后等量混匀组成一个混合样品，采集籽实的同时配套完成根系土采集。为研究农作物中元素迁移转化规律，选择了部分水稻和小麦样品进行农作物根、茎叶的采集，样品采集时在地块内按长势多点平衡采集，采集的根系先用自来水冲洗干净，不留任何黏土，保留根须上褐色铁膜，再用纯净水冲淋，植物根系质量 1000g。茎叶样品留取作物中上段部分，质量 1000g，亦先自来水冲洗，再纯净水冲淋，干燥后称重送实验室作干剂分析。

2）玉米样品

于玉米收获期采集籽实，采用多点组合的采样方法，在田块内选择 3 个以上不同位置按 1m×1m 面积采取，样品质量 2000g。采玉米穗第一穗，即离地面最近的一穗，然后等量混匀组成一个混合样品。晒干后称重，及时送实验室进行分析。

3）块茎样品

萝卜、地瓜、花生、葛根于收获期采集，样品质量 2000g。以 0.1～0.3hm² 为采样单元，在采样单元内选取 5～20 个植株采集块茎。在采集时，植株连根带泥一同挖起，去掉根系和茎叶。将采集好的样品及时装入保鲜袋中，不使其萎蔫，并做好标签。样品带回室内后，立即先自来水洗后蒸馏水冲洗，放在干燥通风之处晾干，刮风扬尘天气，不在室外晾干样品；用鲜样进行检测的样品，立即送往实验室作湿剂分析；当天不能处理，或不能分析的样品，暂放在冷箱内冷藏。

4）水果、蔬菜样品

砂梨、柑橘、白菜采集可食用部分，以 0.1～0.2hm² 为采样单元，以 4 处 1m×1m 面积组合采集，样品采集后，用湿布或塑料袋装好，不使其萎蔫。将采集好的样品及时装入保鲜袋中，并做好标签。样品带回室内后，立即用自来水洗而后蒸馏水冲洗，放在干燥通风之处晾干；并于 2d 内送往实验室作湿剂分析；当天未能处理的样品，暂放在冷箱内冷藏。

第三节 数据处理与成果表达

一、数据处理

（一）野外原始资料整理

为同时满足资料汇交和数据库建设的需要，野外采样记录数据按两种方式整理：一种是设计要求，每个采样点生成一张记录卡，并统一按 1∶50 000 样点编号顺序整理记录卡，装订成册后作原始资料存档，每册要生成页码和目录；另一种是按数据库建设要求，将每个采样点的信息汇总到一个 Excel 电子表格文件。整理过程中按调查区将不同采样类型的采样点以不同的子图标注于图上，子图赋采样坐标、采样人、日期等属性，图件整饰执行归档要求。

（二）分析数据整理

根据样品测试分析单位提供的基本分析数据文件，按基本分析数据、标样数据、重复样数据、密码样检查数据等进行分类整理，将带高斯坐标的样点 Excel 数据文件以及一标样、二标样、重复分析样、密码检查样 Excel、Word 文件与整理好的分析数据文件进行连接，形成样品采样信息数据汇总表。

二、地球化学参数统计

依据评价需要，对某些指标利用因子分析、相关分析、聚类分析、判别分析、回归分析等数理统计方法，研究分析其在空间上的相互关系，揭示各指标间的内在联系，为研究区内土地质量地球化学等级划分提供基础资料。

（一）统计单元划分

为了充分表达不同成因、不同环境条件下的地球化学作用及特征，本次分别按地质单元、土壤单元、行政单元、土地利用等四大类单元进行参数统计。

（二）统计参数

选取样本数（n）、平均值（$\overline{X}$）、标准离差（S）、变异系数（CV）、背景均值（X_0）、中位数（M_e）、众数（M_o）、最小值（X_{min}）、最大值（X_{max}）等 9 项参数进行分单元统计。

（三）统计方法

1. 算术平均值

统计数据中，离群数据剔除前和剔除后的算术平均值分别用 X 和 X' 表示。

$$X = \frac{1}{n}\sum_{i=1}^{n} x_i$$

$$X' = \frac{1}{n}\sum_{i=1}^{n} x'_i$$

2. 几何平均值

统计数据中,离群数据剔除前和剔除后的几何平均值分别用 X_g 和 X'_g 表示。

$$X_g = \sqrt[n]{\prod_{i=1}^{n} x_i} = \exp\left(\frac{1}{n}\sum_{i=1}^{n} \ln x_i\right)$$

$$X'_g = \sqrt[n]{\prod_{i=1}^{n} x'_i} = \exp\left(\frac{1}{n}\sum_{i=1}^{n} \ln x'_i\right)$$

3. 算术标准偏差

统计数据中,离群数据剔除前和剔除后的算术标准偏差分别用 S 和 S' 表示。

$$S = \sqrt{\frac{\sum_{i=1}^{n}(x_i - X)^2}{n}}$$

$$S' = \sqrt{\frac{\sum_{i=1}^{n}(x'_i - X')^2}{n}}$$

4. 几何标准偏差

统计数据中,离群数据剔除前和剔除后的几何标准偏差分别用 S_g 和 S'_g 表示。

$$S_g = \exp\left(\sqrt{\frac{\sum_{i=1}^{n}(\ln x_i - \ln X_g)^2}{n}}\right)$$

$$S'_g = \exp\left(\sqrt{\frac{\sum_{i=1}^{n}(\ln x'_i - \ln X'_g)^2}{n}}\right)$$

5. 变异系数

统计数据中,离群数据剔除前和剔除后的标准偏差分别用 CV 和 CV' 表示。

$$\mathrm{CV} = \frac{S}{X} \times 100\%$$

$$\mathrm{CV}' = \frac{S'}{X'} \times 100\%$$

6. 中位值

将统计数据排序后,位于中间的数值。当样本数为奇数时,中位数为第 $(N+1)/2$ 位数的值;当样本数为偶数时,中位数为第 $N/2$ 与 $(1+N/2)$ 位数的平均值。离群数据剔除前和剔除

后的中位值分别用 X_{Me} 和 X'_{Me} 表示。

7. 最大值

统计数据中,数值最大的为最大值。离群数据剔除前和剔除后的中位值分别用 X_{max} 和 X'_{max} 表示。

8. 最小值

统计数据中,数值最小的为最小值。离群数据剔除前和剔除后的中位值分别用 X_{min} 和 X'_{min} 表示。

9. 累积频率分段值

一组数值累积频率分别为 10%、25%、75% 和 90% 时,所对应的数值。统计数据中,离群数据剔除前和剔除后的 10%、25%、75% 和 90% 累积分布值分别用 $X_{10\%}$、$X_{25\%}$、$X_{75\%}$、$X_{90\%}$ 和 $X'_{10\%}$、$X'_{25\%}$、$X'_{75\%}$、$X'_{90\%}$ 表示。

10. 样本数

统计数据中,离群数据剔除前和剔除后参加统计的样品数,分别用 N 和 N_0 表示。

11. pH 均值计算方法

在进行 pH 值统计前,应先将土壤 pH 值换算成 $[H^+]$ 浓度进行统计计算,然后再换算成 pH 值。

12. 背景值取值方法

依据《数据的统计处理和解释正态性检验》(GB/T 4882—2001),对数据频率分布形态进行正态检验。

当统计数据服从正态分布时,用算术平均值代表背景值,算术平均值加减 2 倍算术标准偏差代表背景值变化范围。当统计数据服从对数正态分布时,用几何平均值代表背景值,几何平均值乘除 2 倍几何标准偏差代表背景值变化范围。

当统计数据不服从正态分布或对数正态分布时,按照算术平均值加减 3 倍标准偏差进行剔除,经反复剔除后服从正态分布或对数正态分布时,用算术平均值或几何平均值代表土壤背景值,算术平均值加减 2 倍算术标准偏差或几何平均值乘除 2 倍几何标准偏差代表背景值变化范围。统计数据经反复剔除后仍不服从正态分布或对数正态分布,当呈现偏态分布时,以众值和算术平均值代表土壤背景值;当呈现双峰或多峰分布时,以中位值和算术平均值代表土壤背景值。众值(中位值)和算术平均值加减 2 倍算术标准偏差代表背景值变化范围。

依据评价需要,对某些指标利用因子分析、相关分析、聚类分析、判别分析、回归分析等数理统计方法,研究分析其在空间上的相互关系,揭示各分析指标间的内在联系,为研究区内土地质量地球化学等级划分提供基础资料。

三、图件编制

（一）编图坐标系及成图比例尺

坐标系：国家大地 CGCS 2000 坐标系。
投影类型：高斯－克吕格投影。
中央经线：东经 111°00′00″。
成图比例尺：1∶100 000。

图件编制内容包含 9 个部分：导图（基础图件）、土壤元素地球化学图、农业种植土壤适宜性地球化学评价图、土壤有效量等级划分图、土壤环境质量评价图、灌溉水环境质量评价图、大气环境质量评价图、农用地土壤环境质量风险管控评价图、综合应用与建议专题图件。除此之外，还需就有关重要内容编制直方图、分布对比图（柱状、折线）等。

（二）数据处理及成图软件

编图选用软件如下：

（1）中国地质调查局土地质量地球化学调查与评价数据管理与维护（应用）子系统。
（2）ArcGIS10.2、MapGIS 6.7、MapGIS K9 图形矢量化、拓扑、投影变换、空间分析、图件制作。
（3）Microsoft office 2010　原始数据录入、整理及修改。
（4）Mapsoure 6.9　GPS 空间数据管理、导出。
（5）ENVI4.8　遥感影像处理。
（6）参数统计及直方图制图自编软件。

（三）基础图件编制

基础图件包括地理底图、行政区划图、地质图、土壤类型图、土地利用图、遥感影像图、成土母质图等。

1. 地理底图

采用 2019 年钟祥市第三次全国国土调查图斑图为基础编制地理图，内容包括主要水系、湖泊、塘、库等地表水体，村级以上行政界线，主要村级以上居民点，主要交通要道及少量典型地物点。图框以间隔 10km 的投影平面直角坐标的标度标在内图框外围。该图作为其他各类基础图件、专业图件、综合图件及应用图件的底图。

2. 行政区划图

该图在地理底图的基础上，按村级行政区分区作色形成。

3. 地质图

以湖北省钟祥市1∶20万地质图为基础,结合本次生态环境调查,编制钟祥市1∶5万地质图。图面用色和图式、图例按《地质图用色标准1∶500 000～1∶1 000 000》(GB/T 6390—1986)和《区域地质图图例》(GB/T 958—2015)标准执行。

4. 土壤类型图

以全国第二次土壤普查资料为基础,修编叠加钟祥市地理底图。土壤分类分至土种,分类名称与代码按《中国土壤分类与代码》(GB/T 17296—2009)标准执行。

5. 土地利用图

以钟祥市第三次全国国土调查图斑为基本单元。

6. 遥感影像图

通过下载钟祥市最新的遥感影像,然后在ENVIZoom4.8遥感影像处理系统中进行校正和配准,最后在MapGIS中裁剪并转换为MSI文件,叠加地理底图,编制钟祥市遥感影像图。

7. 成土母质图

以上述成果为基础,结合生态环境地质调查成果,编制钟祥地区成土母质图。

(四)地球化学图件编制

地球化学图件主要包括表层土壤地球化学图(30种元素),地球化学图采用原始数据直接勾绘,在MapGIS中用TIN三角剖分追踪等值线方法直接勾绘。

1. 地球化学图色区划分

1)地球化学图色区划分原则

地球化学图色区划分遵循以下原则:①在图面上直观地反映元素地球化学特征,明显地区分异常区和背景区;②尽量消除因数据起伏变化较小时,出现的系统误差或台阶现象;③兼顾图面美观效果。

2)地球化学图色区划分方案

按照中国地质调查局《多目标区域地球化学系列图编制若干要求》规定,地球化学图除pH值外,其他元素均使用15级累积频率色区间隔划分方案(表3-2),15级累积频率分级值(%)为0.5、1.5、4、8、15、25、40、60、75、85、92、96、98.5、99.5、100,以分级间隔对应的元素含量作等量线和区,累积频率<25%为低含量区,25%≤累积频率<75%为背景区,累积频率≥75%为高含量区,以绿、黄、红三基色分别代表低含量区、背景区和高含量区,各区内以过渡色表示内部分级。

表 3-2 地球化学图色区划分方案

色区	1	2	3	4	5	6	7	8	9	10	11	12	13	14	15
累积频率值/%	0.5	1.5	4	8	15	25	40	60	75	85	92	96	98.5	99.5	100

pH 值按土壤酸碱性标准进行色区划分见表 3-3。

表 3-3 pH 值地球化学图色区划分方案

pH 值	<4.5	4.5～5.5	5.5～6.5	6.5～7.5	7.5～8.5	≥8.5
等级	极强酸性	强酸性	酸性	中性	碱性	强碱性
颜色						

2. 直方图

采用自编的直方图编图软件编制,包括全区、地质单元、土壤类型、土地利用类型统计直方图等。作图方法如下:

(1)直方图组距规定为 0.11mg/kg(μg/kg)间隔,组端值正值规定其值百分位数字为 7,负值百分位为 3,使所有的含量数据的对数值落在组内而不至于落在组端上。K_2O、Na_2O、SiO_2、CaO、MgO、TFe_2O_3、$Corg$、pH 属算术正态分布的常量元素选取算术等间隔组距,间隔大小以满足分组数为 8～12 组。

(2)直方图在作图统计时保留所有的高值点,作图时并绘制累计频率曲线。标注样品数(N)、最大值(X_{max})、最小值(X_{min})、算术平均值($\overline{X}$)、算术离差(S)、变异系数(CV)。

(五)综合成果图及应用性图编制

综合成果及应用性图件包括土地质量地球化学评价系列图、富硒及土壤环境系列图、基本农田种植适宜性地球化学评价图、综合应用与建议性专题图件等四大类。其编图方法和步骤基本相同,均采用图斑成图,所不同的是不同的图件成图数据的整理和计算方法有所区别。

土地利用图斑的预处理:首先根据野外生态地质调查结果,结合遥感影像图,对实地土地利用现状发生变更的,修改土地利用现状。开展图斑赋值研究,选择最佳方法对空白图斑进行赋值。

主要图件编制利用中国地质调查局土地质量地球化学调查与评价数据管理与维护应用系统软生成。其各类图件编制方法分述如下。

1. 农用地土壤污染风险评价图

采用标准为《土壤环境质量农用地土壤污染风险管控标准(试行)》(GB 15168—2018),将评价区农用地分为优先保护区、安全利用区、风险管控区。

2. 土壤环境质量地球化学等级图

采用《土地质量地球化学评价规范》(DZ/T 0295—2016)中的方法计算各元素污染指数

P,基准值采用《土壤环境质量农用地土壤污染风险管控标准(试行)》(GB15168—2018)中的风险筛选值,各等颜色及释义见表3-4。

表3-4 土壤环境地球化学等级划分界限

等级	一等	二等	三等	四等	五等
土壤环境	$P\leqslant 1$	$1<P\leqslant 2$	$2<P\leqslant 3$	$3<P\leqslant 5$	$P\geqslant 5$
	清洁	轻微超标	轻度超标	中度超标	重度超标

3. 土壤养分元素丰缺分级系列图

(1)单元素土壤养分元素丰缺等级分级图:土壤养分元素丰缺分级采用标准规定或利用公式计算的土壤养分分级标准,进行土壤单指标养分地球化学等级划分,利用划分标准作图。图面颜色表示见《土地质量地球化学评价规范》(DZ/T 0295—2016)(表3-5、表3-6)。

表3-5 土壤硒、碘、氟等级划分标准值　　　　　　　　　　　　　　　　　单位:mg/kg

等级		缺乏	边缘	适量	丰富	极丰富
硒	标准值	$\leqslant 0.125$	0.125~0.175	0.175~0.40	0.40~3.0	>3.0
	颜色					
碘	标准值	$\leqslant 1$	1~1.50	1.50~5	5~100	>100
	颜色					
氟	标准值	$\leqslant 400$	400~500	500~550	550~700	>700
	颜色					

表3-6 土壤养分不同等级含义、颜色

等级	一级	二级	三级	四级	五级	六级
含义	丰富	较丰富	中等	较缺乏	缺乏	过剩
颜色						

以上述内容形成图层文件和统一的地理信息底图图层文件叠合成图,并且在图面上附表列出"土壤质量指数与含量对照表"和各土壤质量分区面积统计结果。

(2)土壤养分地球化学综合等级分级图:按照公式计算土壤N、P、K的地球化学综合得分$f_{养综}$,根据土壤养分地球化学综合等级划分标准作图,分级区色阶按规范确定,图内附表列出各分级区的面积统计结果。

4. 大气干湿沉降及灌溉水环境质量地球化学等级图

农田灌溉水环境质量评价标准按《农田灌溉水质标准》(GB 5084—2021)执行,灌溉水中评价指标含量≤该值①为一等,数字代码为 1,用深绿色,表示灌溉水环境质量符合标准;灌溉水中评价指标含量＞该值为二等,数字代码为 2,用红色,表示灌溉水环境质量不符合标准;数字代码为 0 时,表示该评价单元未采集灌溉水样品,用白色。

大气干湿沉降环境质量评价标准按《土地质量地球化学评价规范》(DZ/T 0295—2016)执行,评价指标含量≤该值为一等,数字代码为 1,用深绿色,表示大气环境环境质量符合标准;评价指标含量＞该值为二等,数字代码为 2,用红色,表示大气环境质量不符合标准;数字代码为 0 时,表示该评价单元未评价大气环境,用白色。

5. 土壤、土地质量地球化学综合等级图

土壤质量地球化学综合等级由评价单元的土壤养分地球化学综合等级与土壤环境地球化学综合等级叠加产生,然后按等级标准作图,分级区色阶按规范确定(图面颜色表示见表 3-7),图内附表列出各分级区的面积统计结果。

表 3-7 土壤质量地球化学综合等级表达图示与含义

	清洁	尚清洁	轻度超标	中度超标	重度超标	含义
丰富	一等	三等	四等	五等	五等	一等为优质:土壤环境清洁,土壤养分丰富至较丰富。
较丰富	一等	三等	四等	五等	五等	二等为良好:土壤环境清洁,土壤养分中等。
中等	二等	三等	四等	五等	五等	三等为中等:土壤环境清洁,土壤养分较缺乏或土壤环境轻微超标,土壤养分丰富至较缺乏。
较缺乏	三等	三等	四等	五等	五等	四等为差等:土壤环境清洁或轻微超标,土壤养分缺乏或土壤环境轻度超标,土壤养分丰富至缺乏或土壤盐渍化等级为强度。
缺乏	四等	三等	四等	五等	五等	五等为劣等:土壤环境中度和重度超标染,土壤养分丰富至缺乏或土壤盐渍化等级为盐土

土地质量地球化学综合等级是在土壤地球化学质量综合等级基础上叠加大气环境地球化学综合等级、灌溉水环境地球化学综合等级,形成土地质量地球化学等级,然后按等级标准作图,分级区色阶按规范确定(图面颜色表示见表 3-8),图内附表列出各分级区的面积统计结果,如果灌溉水和大气干湿样点布设较少,其结果不足以反映全区的质量状况,可以不进行叠加,只在文本中列表表示。

---

① 灌溉水评价的指标有 11 项,测试值与每个对应的指标进行对比,超标为不合格。该值即表示这相对应的 11 项指标。下面的大气沉降评价指标有 2 项,该值分别表示与 Hg、Cd 对比的结果。

表 3-8 土地质量地球化学等级图示与含义

图示	R：G：B	含义
22	255：0：0	土壤质量地球化学综合等级为五等—劣等；大气环境、灌溉水环境地球化学等级均为二等,表示大气干湿沉降通量较大,灌溉水超标
11	255：192：0	土壤质量地球化学综合等级为四等—差等；大气环境、灌溉水环境地球化学等级均为一等,分别表示大气干湿沉降通量较小,灌溉水符合水质标准
20	255：255：0	土壤质量地球化学综合等级为三等—中等；灌溉水环境地球化学等级为二等,表示灌溉水超标；大气干湿沉积通量没有样本
01	146：208：80	土壤质量地球化学综合等级为二等—良好等；灌溉水没有样本；大气环境地球化学等级为一等,表示干湿沉降通量较小
10	0：176：80	土壤质量地球化学综合等级为一等—优质等；灌溉水环境地球化学等级为一等,表示符合灌溉水质标准；大气干湿沉降通量没有样本

第四节 数据库建设

一、数据库建设目标及流程

(1)土地质量地球化学调查评价数据库是在不同尺度开展的土地质量评价过程中获取的土壤、大气干湿沉降物、农作物、灌溉水等数据集为基础,结合相关的土壤类型、土地利用类型、基础地理、基础地质等背景信息,综合地球化学数据处理、分析与评价结果而建立的数据库。

(2)建库按照中国地质调查局统一要求,按省级数据库标准进行建设。

(3)数据库严格执行国家或行业规范标准,使用标准的数据模型、数据格式、标准代码体系、图式图例等。

图 3-3 为数据库建设总体流程图。

二、数据库建设平台

考虑到 ArcGIS 使用的广泛性,并为使土地质量地球化学评价信息数据库兼容、科学和精确,更好地与自然资源部门数据对接,采用的建库平台主要是基于 ArcGIS10.2 版本、土地质量地球化学调查与评价数据管理与维护(应用)子系统、Access2003 以上、Ms SQL Sever2005 以上。

三、建库技术方法

(一)数据采集与整理

1. 采样数据

采集数据包括不同介质野外采样点记录 GPS 定位、采样类型、采样数量及相关样品特

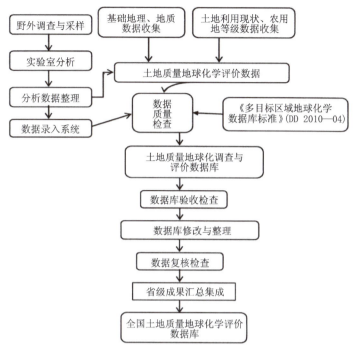

图 3-3　数据库建设总体流程图

征、分析数据等信息。

2. 实验室分析数据整理

实验室分析数据整理主要对不同采样介质的实验室分析结果数据表进行整理与规范。根据不同采样介质分别建立分析元素信息表，规范数据项名称和结构，将分析结果数据内容导入标准结构表中。根据对应采样介质的分析结果建立分析元素（指标）属性项，填写相关元素（指标）信息。收集不同介质样品标样推荐值结果表，按标准规定的数据结构进行规范。

3. 评价指标数据收集与整理

根据《土地质量地球化学评价规范》(DZ/T 0295—2016) 要求，不同地区可以参考相关标准或根据相关数据，在统计分析的基础上，确定不同评价类型的指标和分级指标。按照土壤养分与环境、灌溉水环境、大气干湿沉降物环境、农作物安全性等类别分别组织和存储数据表。

4. 评价成果数据收集与整理

评价成果数据整理主要是利用不同介质分析结果数据，参考相关评价标准或评价指标进行土地质量分类评价形成相关评价成果数据的过程。主要包括评价单元的确定、评价单元的生成与检测、评价单元赋值、图件制作。

(二)成果数据库整理

依据上述步骤对各类采样数据、地球化学分析数据、评价成果数据以及相关的信息资料进行整理,形成统一的数据格式,建立土地质量地球化学评价数据库。

(1)表格数据整理。包括所有样品的采样记录、送样信息、分析结果等原始数据,本部分入库数据,首先参照《多目标区域地球化学数据库标准》(DD 2010—04)中所规定的格式,录入成数据库导出的标准 Excel 电子表格格式,并在此基础上进行数据项、数据结构、数据类型及单位、长度、小数位数等修改和整理,确定准确无误后,转为 Access 数据库。

(2)数据质量检查。所有原始数据录入完成后,使用数据录入检查软件 GeoDGSS 将整理后的数据进行检查,能及时发现并解决数据错误,提高数据质量。主要检查内容包括数据的完整性、逻辑一致性、空间定位准确度、属性数据准确性等。

(3)图形数据。采用点线面矢量图形文件,以 ArcGIS 的 shp、lyr、mxd 格式存储。

(4)点空间数据和属性数据。主要指土地质量地球化学评价调查分析数据、空间坐标信息、采样点位信息和工作记录信息等,采用 Access、MySQL 等数据库和表格形式存储。

(5)图片数据。为野外评价过程中拍摄的景观或景物照片,采样 bmp、jpg、tiff 图像数据格式存储。

(6)描述性资料。指工作报告、工作过程中记录的说明性文件、质量检查记录等,采用 Word 文件格式。

(三)数据汇交格式

土地质量地球化学评价数据库成果按照图 3-4 所示数据存储目录结构存放各类数据。

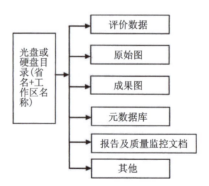

图 3-4 土地质量地球化学调查评价数据库汇交格式

第四章　土壤中元素地球化学特征

第一节　氮、磷、钾、有机质

土壤是植物生长繁育的基地,是植物必需营养物质的重要供给源。研究土壤中元素的含量及其分布特征,进行土壤质量评价,对改善农作物布局,提高农作物产量和品质,指导施肥和预测元素丰缺趋势等方面具有重要意义。

一、氮(N)

1. 氮含量分布特征

研究区氮含量区间为96～11 045mg/kg,平均含量为1546mg/kg,略高于汉江流域背景值。不同环境背景下氮含量差异明显,在棕色石灰土类中氮含量较高,在潮土类中氮含量最低;不同土地利用类型中,林地、水田氮含量较高,在园地中氮含量较低;不同成土母质中,南华系氮含量明显高量,震旦系、寒武系以及奥陶系中氮含量较高,全新统冲积层、崆岭群则相对缺乏。

在空间分布上,低背景区主要集中沿汉江两岸的胡集镇—丰乐镇—磷矿镇—文集镇—柴湖镇北部以及旧口镇南部地区(图4-1)。

2. 碱解氮丰缺特征

含碱解氮较丰富—丰富的面积为1 232.61km², 占比58.84%,分布无规律性;较缺乏—缺乏区的面积323.84km², 占比15.46%,呈小面积不规则片状分布在双河镇、丰乐镇、冷水镇、洋梓镇、文集镇、东桥镇境内和柴湖镇南部地区,其余地区零星分布。全量氮和碱解氮含量分级特征见表4-1。

3. 全量氮含量等级划分

如图4-2所示,土壤氮元素等级整体呈现中部汉江冲积平原两侧含量较低,东西部两侧含量高的分布特征。

全区氮含量较为富足,达到丰富、较丰富的面积分别为263.74km²、768.36km²,占全区耕、园、草地面积的比例分别为12.59%、36.68%,显示出不同地块间丰缺状态上存在一定差异。

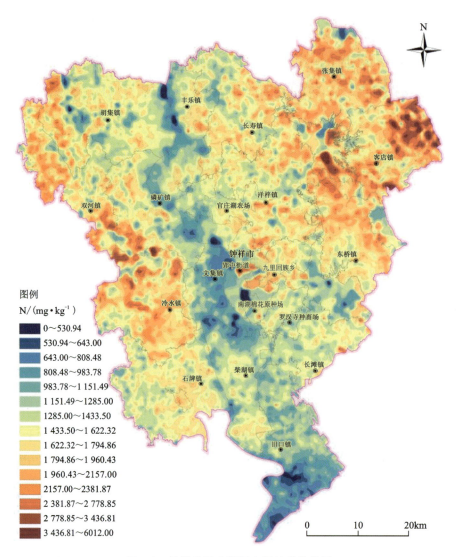

图 4-1　钟祥地区土壤氮含量地球化学图

表 4-1　全量氮和碱解氮含量等级统计表

项目		一级	二级	三级	四级	五级
		丰富	较丰富	适中	较缺乏	缺乏
全量氮(N)	划分标准/(mg·kg^{-1})	>2000	1500~2000	1000~1500	750~1000	≤750
	面积/km²	263.74	768.36	825.81	150.12	86.84
	比例/%	12.59	36.68	39.42	7.16	4.15
碱解氮(N)	划分标准/(mg·kg^{-1})	>150	120~150	90~120	60~90	≤60
	面积/km²	553.13	679.48	538.41	225.83	98.01
	比例/%	26.40	32.44	25.70	10.78	4.68

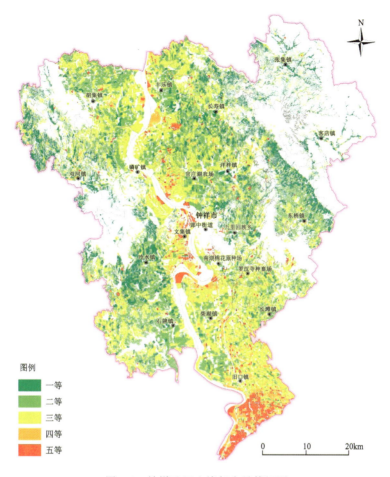

图 4-2　钟祥地区土壤氮含量等级图

二、磷(P)

1. 磷含量分布特征

研究区磷含量变化范围为100～71 716mg/kg,平均含量781mg/kg,高于汉江流域地区背景值。从地球化学图上来看,总体表现为西高东低,富集区主要分布于胡集镇荆襄磷矿区一带、磷矿镇的南部和客店镇的北东部,其余区域较为缺乏。从空间分布上看,磷元素的分布分带性较为明显,富集区域与区内震旦系灯影组、陡山沱组分布吻合,而缺乏区域与白垩纪、志留纪、寒武纪地层分布较为吻合(图 4-3)。

2. 有效磷含量分布特征

总体来看,有效磷在区内含量主要为中等以上水平,含量中等适中—较丰富面积1 253.96km²,占比59.85%,较缺乏—缺乏区域合计695.82km²。根据评价标准,统计了区内耕(园、草)地土壤有效磷含量分级特征(表 4-2)。

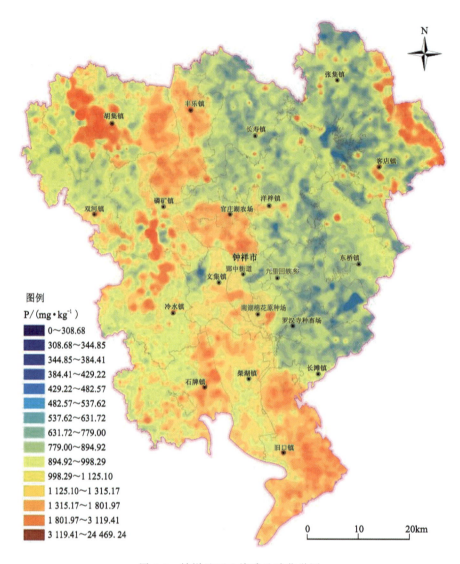

图 4-3 钟祥地区土壤磷地球化学图

表 4-2 全磷和有效磷丰缺特征

项目		一级	二级	三级	四级	五级
		丰富	较丰富	适中	较缺乏	缺乏
全磷 (P)	划分标准/(mg·kg^{-1})	>1000	800~1000	600~800	400~600	≤400
	面积/km²	346.82	505.01	569.69	569.96	103.40
	比例/%	16.55	24.11	27.19	27.21	4.94
有效磷 (P)	划分标准/(mg·kg^{-1})	>40	20~40	10~20	5~10	≤5
	面积/km²	145.09	420.10	833.86	475.13	220.69
	比例/%	6.93	20.05	39.81	22.68	10.53

3. 磷含量等级划分

土壤中磷元素分带性比较明显(图 4-4)。其中,较丰富—丰富区主要分布于区内沿汉江流域两岸冲积平原和旧口镇全境,面积为 851.82km²,占比 40.66%;适中区面积为 569.69km²,占比 27.19%,主要分布于区内汉江流域两侧的岗地中;较缺乏区面积为 569.96km²,占总面积的比例为 27.21%,主要分布于汉江以东岗地—丘陵一带;缺乏区面积 103.40km²,占比 4.94%,呈星点状分布在除柴湖镇和旧口镇之外的其他乡镇。总体来看,与区内氮元素正好相反,区内磷元素东西部低中部高,尤其是靠近岗地—丘陵一带地区土壤缺磷严重,需施加一定量的磷肥才能保证作物的生长。

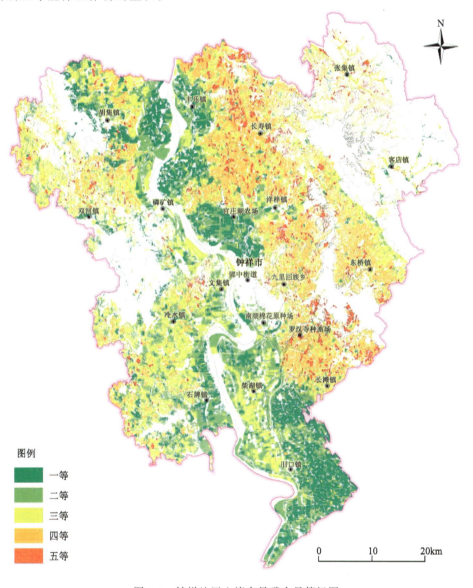

图 4-4 钟祥地区土壤全量磷含量等级图

三、钾（K）

1. 土壤氧化钾含量分布特征

全区氧化钾含量范围为 0.48%～8.20%，平均含量为 2.36%，略高于汉江流域和全国背景值。高值区主要分布在温峡口水库的西南部、客店镇中部、胡集镇西北角（图 4-5），与区内寒武系、奥陶系的分布区域相对一致，高背景区主要集中在柴湖镇、丰乐镇、官庄湖以及胡集镇-磷矿镇-石牌镇汉江冲积带，低值区与白垩系、更新世冲积物分布形态较为一致。

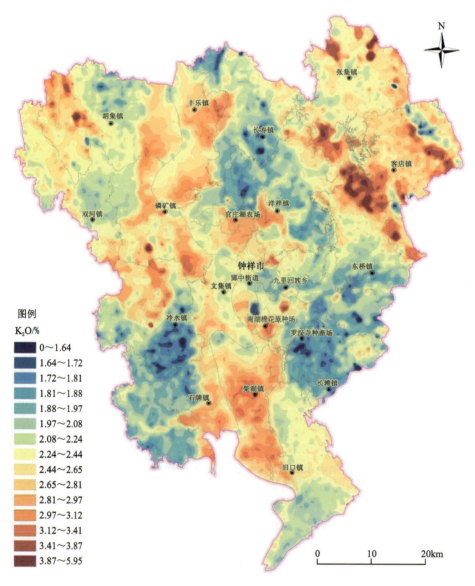

图 4-5　钟祥地区土壤氧化钾地球化学图

2. 速效钾含量分布特征

速效钾含量总体丰富,较丰富—丰富的面积比例在 70% 以上,有 10.18% 的土壤属速效钾较缺乏—缺乏区域,缺乏区域主要分布在文集镇、旧口镇、柴湖镇一带。依据《土地质量地球化学评价规范》(DZ/T 0295—2016)标准,将土壤氧化钾和速效钾分别划分丰缺区域,其分级特征列于表 4-3。

表 4-3 钟祥地区全钾和速效钾丰缺特征

项目		一级	二级	三级	四级	五级
		丰富	较丰富	适中	较缺乏	缺乏
全钾(K)	划分标准/(mg·kg^{-1})	>25 000	20 000~25 000	15 000~20 000	10 000~15 000	≤10 000
	面积/km^2	120.43	643.34	1 181.00	149.43	0.67
	比例/%	5.75	30.71	56.38	7.13	0.03
速效钾(K)	划分标准/(mg·kg^{-1})	>200	150~200	100~150	50~100	≤50
	面积/km^2	1 035.89	518.57	327.23	180.59	32.58
	比例/%	49.45	24.75	15.62	8.62	1.56

3. 评价区钾的丰缺状态

全钾含量呈现出适中的趋势(图 4-6),其适中的分布区总面积达 1 181.00km^2;较丰富—丰富面积合计为 763.77km^2;较缺乏面积 149.43km^2,占比 7.13%,主要集中在冷水镇东南部、长滩镇西部和长寿镇北西部—南部至洋梓镇西部一带,其他地区零星分布,区内严重缺乏土壤面积仅为 0.67km^2。

四、有机质

1. 含量分布特征

有机质(Corg)含量变幅为 1.42~250.32g/kg,平均含量为 36.40g/kg,高于汉江流域和全国背景值。有机质受不同环境背景影响变化明显,其中水稻土类有机质含量显著高于潮土类,水田区>林地区>旱地区。

有机质含量在南华系、志留系、更新统冲积物、新近系中均高于 40g/kg;在更新统残坡积物中最低,为 25.52g/kg。在空间分布上,有机质富集区主要位于张集镇、东桥镇、双河镇、冷水镇以及客店镇东北部、长寿镇东部、磷矿镇西部等地,汉江沿线胡集镇—丰乐镇—磷矿镇—文集镇一带、旧口镇均呈低量分布(图 4-7)。

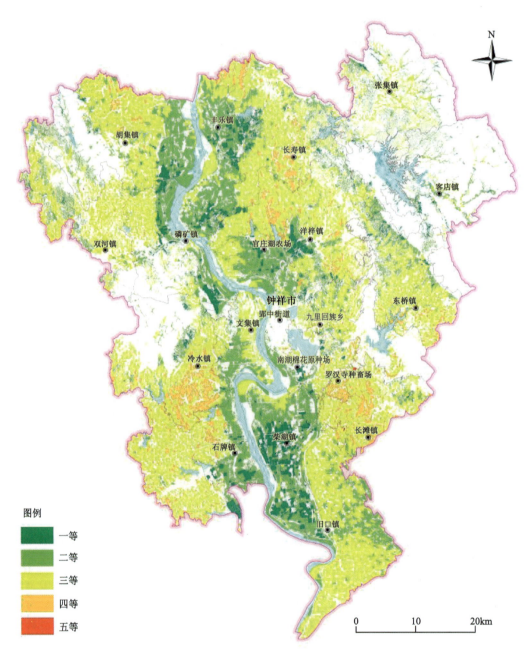

图 4-6 钟祥地区土壤全钾含量等级图

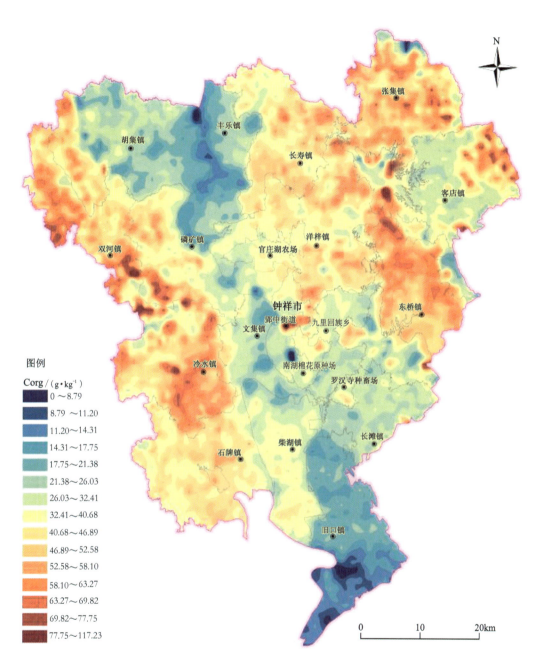

图 4-7 钟祥地区土壤有机质地球化学图

2. 含量等级分布特征

区内土壤有机质总体比较丰富,其中丰富区面积 793.79 km², 占比为 37.82%, 较丰富区面积 467.27 km², 占评价面积的 22.31%。从行政区统计看,冷水镇、张集镇、长寿镇、石牌镇、洋梓镇土壤有机质丰富,旧口镇、丰乐镇、磷矿镇、胡集镇则较为缺乏(表 4-4)。

表 4-4　钟祥地区土壤有机质含量等级面积比例统计表　　　单位:%

地区	一级 丰富	二级 较丰富	三级 中等	四级 较缺乏	五级 缺乏
柴湖镇	21.24	46.99	25.89	5.56	0.32
东桥镇	43.01	39.07	15.33	2.35	0.24
丰乐镇	0.31	4.38	47.02	44.90	3.39
官庄湖农场	23.36	54.26	19.44	2.94	0
胡集镇	1.53	15.41	54.24	28.16	0.66
九里回族乡	8.70	35.53	42.41	12.05	1.31
旧口镇	0.13	2.19	20.89	64.77	12.02
客店镇	28.78	33.62	31.77	5.23	0.60
冷水镇	85.72	9.47	4.07	0.74	0
磷矿镇	4.55	15.70	46.89	30.54	2.32
罗汉寺种畜场	44.37	31.37	17.79	6.13	0.34
南湖棉花原种场	17.88	52.44	20.60	5.59	3.49
石牌镇	56.12	35.86	6.68	1.31	0.03
双河镇	19.19	36.57	29.78	12.72	1.74
文集镇	14.09	22.87	38.67	23.63	0.74
洋梓镇	53.65	30.35	12.05	3.63	0.32
郢中街道	34.25	37.16	19.84	4.34	4.41
张集镇	86.03	10.33	2.47	0.99	0.18
长寿镇	60.07	26.27	12.19	1.30	0.17
长滩镇	1.28	23.43	62.43	12.08	0.78

从分布来看,其分带性较为明显,北东部、北西—南西部高,汉江流域两侧的胡集、丰乐镇及旧口—长滩一带含量低(图 4-8),与区内的土壤类型分布有一定的规律性,即水稻土和黄棕壤分布区域内的有机质明显高于潮土分布区域。

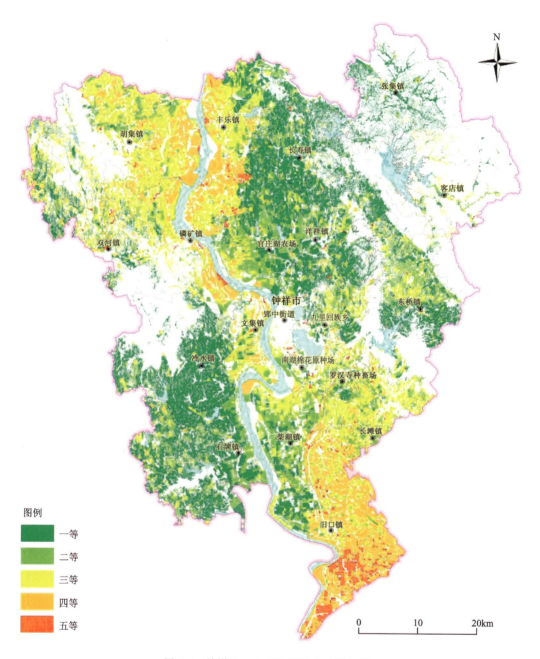

图 4-8 钟祥地区土壤有机质含量等级图

第二节 钙、镁、硫

一、钙(Ca)

土壤钙(以 CaO 计)分布极不均衡,含量介于 0.09%～28.09%之间,全区平均含量为 1.48%,略高于汉江流域背景值,低于全国背景值。从土壤类型对比看,棕色石灰土和灰潮土含量明显高于水稻土、黄棕壤。

空间分布上,受成土母质影响明显。其中高值区主要呈带状分布在客店镇北东部、东桥镇北东部,与震旦系、寒武系叠合较好;高背景区主要呈带状分布在汉江两侧全系统冲积层,低值区与白垩系、志留系地层分布形态较为一致(图 4-9)。

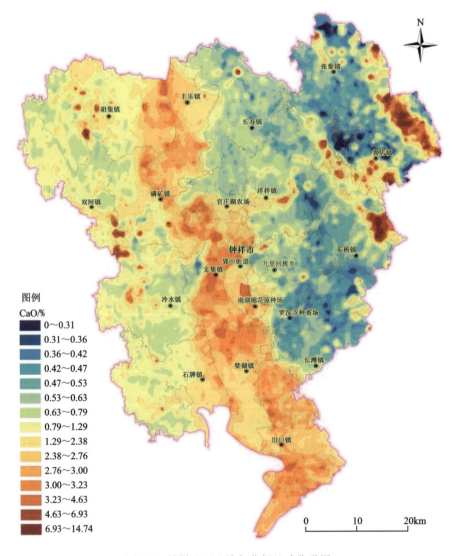

图 4-9 钟祥地区土壤氧化钙地球化学图

二、镁(Mg)

土壤镁(以 MgO 计)含量介于 0.32%~18.19% 之间,平均含量为 1.60%,高于全国背景值。各类土壤中氧化镁含量依次为棕色石灰土(2.80%)、灰潮土(2.18%)、潮土(1.80%)、沼泽型水稻土(1.53%)、黄棕壤(1.34%)、淹育型水稻土(1.33%)、潴育型水稻土(1.30%)。

空间分布上,高值区主要分布在张集镇—客店镇的北东部,和区内震旦系、寒武系分布较为一致,高背景区主要分布在汉江两侧全新世冲积、湖积层;而极低值区主要分布在冷水镇南部—石牌镇中西部、长滩镇—东桥镇西南部、洋梓镇北部—长寿镇中部一带,与区内更新世冲积物、白垩系地层分布形态较为一致(图 4-10)。

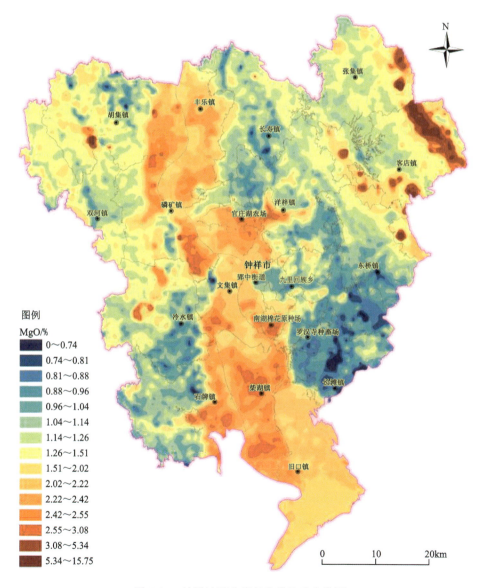

图 4-10　钟祥地区土壤氧化镁地球化学图

三、硫(S)

全区土壤硫平均含量为 268mg/kg,含量区间为 17~6170mg/kg,与汉江流域地区背景值相当。受土壤类型、土地利用类型和成土母质影响,土壤中硫含量差异明显。在不同土壤类型中,以棕色石灰土含量最高,而在黄棕壤中含量最低;土地利用上以水田高、园地低为特点。

空间分布上,高值区主要分布在钟祥市东部和西部丘陵地带,极高值区位于更新世残坡积物、寒武系以及震旦系;极低值区主要分布在汉江两岸,与全新世冲积层分布形态一致(图 4-11)。

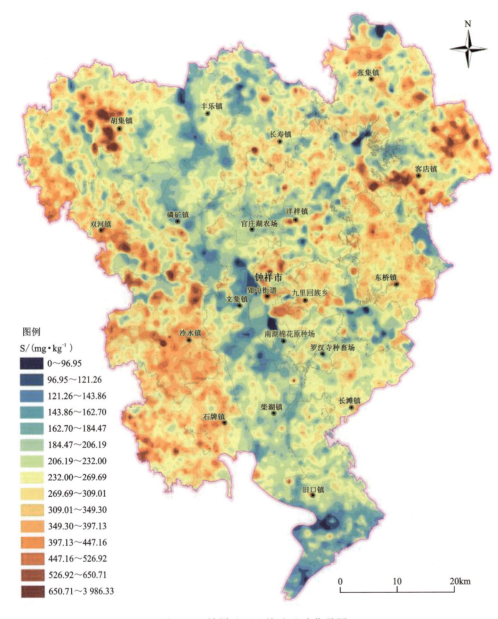

图 4-11 钟祥地区土壤硫地球化学图

第三节 铁、钼、锌、锰、硼

一、铁（Fe）

1. 铁含量分布特征

土壤铁（以 Fe_2O_3 计）在区内含量变化范围为 1.62%～14.50%，平均含量为 5.64%，略高于汉江流域地区背景值，高于全国背景值。区内铁在不同土壤类型中的平均含量相差不大，均介于 5.51%～6.26% 之间，分布较为均匀。

空间分布上，高值区主要分布在客店镇北东部和石门水库东南部等区域，和南华系、寒武系分布形态较为一致。而相对缺乏区主要在钟祥市中部呈不规则状分布在汉江流域两侧，特别是南部的旧口镇，位于全新世冲积物中，与北西部位于全新世湖积物中的柴湖镇形成鲜明的对比，与地质界线套和相对一致（图 4-12）。

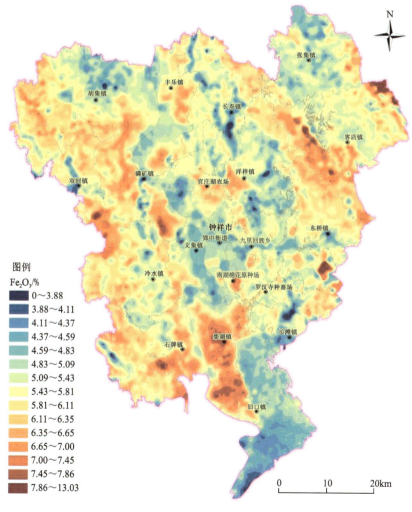

图 4-12 钟祥地区土壤铁（Fe_2O_3）地球化学图

2. 有效铁含量等级与分布特征

土壤有效铁含量范围为 0.20~1006mg/kg,平均值为 110.47mg/kg,分布极不均匀。各类土壤中有效铁含量依次为沼泽型水稻土(241.31mg/kg)、潴育型水稻土(180.70mg/kg)、黄棕壤(171.16mg/kg)、淹育型水稻土(159.42mg/kg)、潮土(99.87mg/kg)、棕色石灰土(39.37mg/kg)、灰潮土(25.80mg/kg)。

根据评价规范标准,统计了钟祥市耕(园、草)地土壤有效铁的含量分级情况(表4-5)。区内有效铁整体呈丰富水平,以一级为主,占调查区耕(园、草)地面积的 78.26%,其次为二级区,所占比例为 19.74%,而中等以下区域所占比例极小,均不超过 2%。

表 4-5 钟祥地区全铁和有效铁含量等级统计结果

项目		一级	二级	三级	四级	五级
		丰富	较丰富	适中	较缺乏	缺乏
全铁 (TFe_2O_3)	划分标准/(mg·kg^{-1})	>5.30	4.60~5.30	4.15~4.60	3.40~4.15	≤3.40
	面积/km^2	1300.96	532.20	185.64	66.29	9.69
	比例/%	62.11	25.41	8.86	3.16	0.46
有效铁 (Fe)	划分标准/(mg·kg^{-1})	>20	10~20	4.5~10	2.5~4.5	≤2.5
	面积/km^2	1 639.52	413.44	37.37	1.00	3.53
	比例/%	78.26	19.74	1.78	0.05	0.17

二、钼(Mo)

1. 钼含量分布特征

土壤钼元素含量为 0.17~29.75mg/kg,平均值为 0.96mg/kg,背景值为 0.89mg/kg,低于全国背景值,略高于汉江流域地区背景值。各土壤类型中钼元素平均含量依次为沼泽型水稻土(1.84mg/kg)、棕色石灰土(1.74mg/kg)、灰潮土(1.13mg/kg)、潮土(1.05mg/kg)、黄棕壤(0.89mg/kg)、淹育型水稻土(0.89mg/kg)、潴育型水稻土(0.83mg/kg)。

空间分布上,高值区主要分布在温峡水库西南部及张集镇—客店镇中部一带,呈北西-南东向展布。受土壤类型和成土母质影响明显,一般在棕色石灰土中含量较高;在奥陶系、二叠系、寒武系地层中呈高值分布,第四系全新统以及湖冲积层中为中—高背景分布。低值区位于冷水镇的南部—石牌镇北部和张集镇北部、西南部—客店镇西南部一带,主要在志留系地层分布区(图4-13)。

2. 有效钼含量等级与分布特征

土壤有效钼含量范围为 0.02~3.18mg/kg,平均值为 0.16mg/kg。各类土壤中有效钼含量在沼泽型水稻土稍高(0.35mg/kg),其他均为 0.15~0.19mg/kg,含量变化不大。

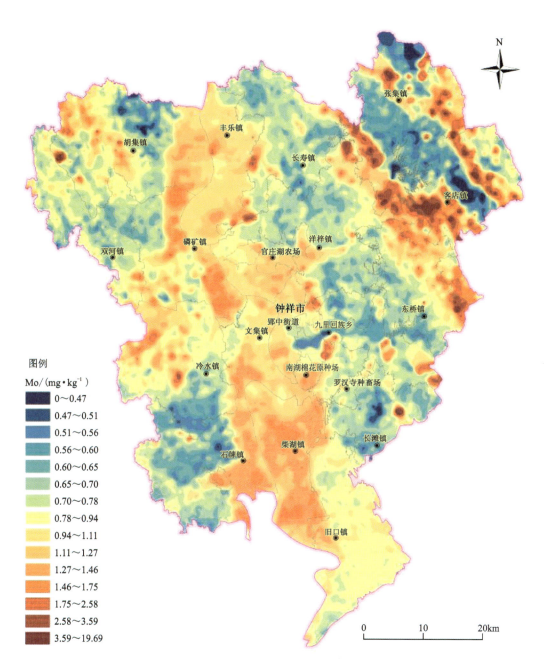

图 4-13 钟祥地区土壤钼地球化学图

统计结果显示(表 4-6),区内有效钼整体较缺乏,缺乏—较缺乏区占调查区耕(园、草)地面积的 60%以上,其次为中等区,所占比例为 25.80%,而丰富区域所占比例较小,为 13%。从各乡镇分布情况看,张集镇、柴湖镇、磷矿镇、客店镇相对丰富,其他地区均不同程度上以缺乏为主。

表 4-6　钟祥地区土壤有效钼含量等级面积比例统计表　　　　　单位:%

地区	一级	二级	三级	四级	五级
	丰富	较丰富	中等	较缺乏	缺乏
柴湖镇	0.22	26.65	50.32	18.53	4.28
东桥镇	1.43	8.95	22.85	43.66	23.11
丰乐镇	1.95	10.15	30.83	44.46	12.61
官庄湖农场	1.98	8.64	52.41	18.16	18.81
胡集镇	7.08	18.82	37.23	34.76	2.11
九里回族乡	0	11.74	17.82	38.96	31.48
旧口镇	0	4.14	15.23	53.67	26.96
客店镇	13.87	21.98	12.44	21.08	30.63
冷水镇	2.57	11.94	19.71	46.74	19.04
磷矿镇	0.38	21.63	53.48	17.15	7.36
罗汉寺种畜场	0	4.42	9.58	40.62	45.38
南湖棉花原种场	0	0	8.82	91.18	0
石牌镇	0.17	11.76	20.42	43.96	23.69
双河镇	0.09	0.90	15.17	66.54	17.30
文集镇	5.89	15.02	7.80	32.15	39.14
洋梓镇	2.40	8.24	38.25	33.59	17.52
郢中街道	0	5.91	22.27	70.72	1.10
张集镇	35.76	14.59	2.35	33.24	14.06
长寿镇	3.78	3.85	18.16	35.71	38.50
长滩镇	0	4.24	4.21	51.48	40.07

三、锌(Zn)

1. 锌含量分布特征

土壤锌元素含量变幅为 16.30~1 508.16mg/kg,平均含量为 78.49mg/kg,背景值略低于汉江流域背景值,高于全国背景值,在不同土壤类型和土地利用中平均含量变化不大。

空间分布上,高值区主要分布在客店镇北东部边缘、冷水镇中部一带及柴湖镇南部—旧口镇西部一带,与震旦系、奥陶系以及全新世湖积层关系明显,低背景区与更新世冲积物和残坡积物及白垩纪、志留纪分布形态较为一致(图 4-14)。

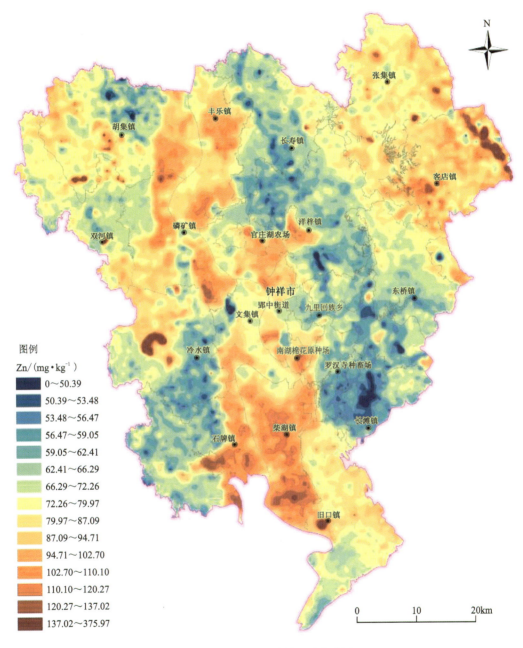

图 4-14 钟祥市土壤锌地球化学图

2. 有效锌含量等级与分布特征

土壤有效锌含量范围为0.01~68.54mg/kg,全区平均含量为2.43mg/kg。不同土壤类型含量变化较大,各类土壤中有效锌含量依次为沼泽型水稻土(4.04mg/kg)、潴育型水稻土(3.19mg/kg)、黄棕壤(3.11mg/kg)、棕色石灰土(2.83mg/kg)、淹育型水稻土(2.77mg/kg)、灰潮土(1.56mg/kg)、潮土(1.51mg/kg)。

统计结果显示(表4-7)。区内有效锌整体较丰富,丰富—较丰富区占调查区耕(园、草)地面积的78%,其次为中等区,所占比例为17.94%,而缺乏—较缺乏所占比例较小,为4.06%,在旧口镇、官庄湖农场、丰乐镇等少数地块相对缺乏。

表4-7　钟祥地区全量锌和有效锌含量等级统计结果

项目		一级	二级	三级	四级	五级
		丰富	较丰富	适中	较缺乏	缺乏
全量锌(Zn)	划分标准/(mg·kg^{-1})	84~200	71~84	62~71	50~62	≤50
	面积/km²	593.1	543.5	526.4	391.7	38.33
	比例/%	28.31	25.95	25.13	18.70	1.83
有效锌(Zn)	划分标准/(mg·kg^{-1})	>3	1~3	0.5~1	0.3~0.5	≤0.3
	面积/km²	478.87	1155.1	375.87	65.07	19.98
	比例/%	22.86	55.14	17.94	3.11	0.95

四、锰(Mn)

1. 锰含量分布特征

土壤锰元素含量变化较大,为125~34 230mg/kg,平均含量为699mg/kg,低于汉江流域背景值,高于全国背景值。总体上看,其受不同土壤类型、成土母质影响不大,除震旦系灯影组锰元素含量略高,志留系相对较低,其余地层锰元素含量相差不大。

空间分布上,高背景区主要分布在客店镇北东部边缘及温峡水库西南部一带,低背景区主要分布于张集镇北部—客店镇南部、石门水库东部、冷水镇中部一带(图4-15)。

2. 有效锰含量等级与分布特征

土壤有效锌含量变化大,范围为0.52~458.71mg/kg,全区平均含量为58.55mg/kg。各类土壤中有效锰含量依次为沼泽型水稻土(187.00mg/kg)、潴育型水稻土(91.21mg/kg)、淹育型水稻土(80.62mg/kg)、黄棕壤(77.85mg/kg)、棕色石灰土(34.85mg/kg)、潮土(31.02mg/kg)、灰潮土(23.03mg/kg)。

等级统计结果显示(表4-8)。区内有效锰整体丰富,丰富—较丰富区占调查区耕(园、草)地面积的84.36%,其次为适中区,所占比例为15.54%,而缺乏—较缺乏所占比例仅为0.10%。

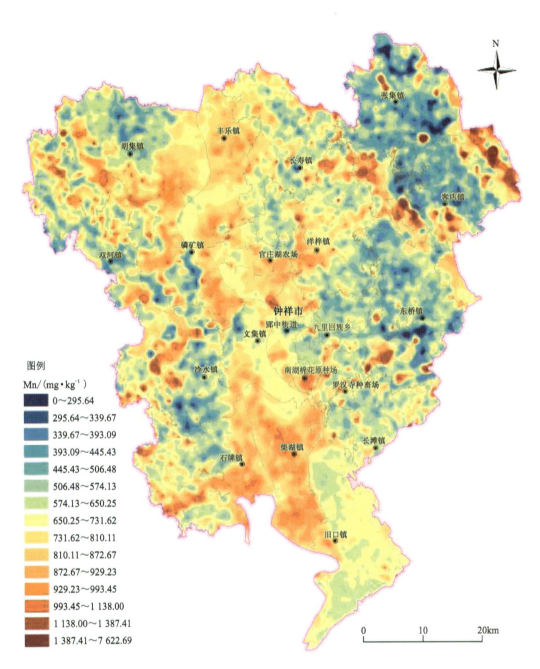

图 4-15 钟祥地区土壤锰地球化学图

表 4-8 钟祥市全量锰和有效锰含量等级统计结果

项目		一级	二级	三级	四级	五级
		丰富	较丰富	适中	较缺乏	缺乏
全量锰(Mn)	划分标准/(mg·kg^{-1})	700~1500	600~700	500~600	375~500	≤375
	面积/km²	987.80	463.70	284.20	224.60	130.20
	比例/%	47.15	22.14	13.57	10.72	6.22
有效锰(Mn)	划分标准/(mg·kg^{-1})	>30	15~30	5~15	1~5	≤1
	面积/km²	1 344.41	422.73	325.53	2.18	0.01
	比例/%	64.18	20.18	15.54	0.10	0

五、硼(B)

1. 硼含量分布特征

土壤硼元素含量区间为 5.13~143.19mg/kg,平均含量为 57.17mg/kg,背景值低于汉江流域地区,高于全国背景值。B 元素受地层影响较大,低值区主要位于第四系全新统、更新统中,奥陶系、三叠系分布区含量较高。

空间分布上,整体呈中部低两侧高的特点,高值区主要分布于东桥镇、客店镇北部、张集镇东北部、长寿镇东部、冷水镇和磷矿镇西部、胡集镇和双河镇西部(图 4-16)。

2. 有效硼含量等级与分布特征

土壤有效硼含量范围为 0.03~1.73mg/kg,全区平均含量为 0.44mg/kg。不同土壤类型含量变化较小,各类土壤中有效锌含量依次为沼泽型水稻土(0.50mg/kg)、灰潮土(0.50mg/kg)、棕色石灰土(0.44mg/kg)、潴育型水稻土(0.43mg/kg)、淹育型水稻土(0.41mg/kg)、潮土(0.35mg/kg)、黄棕壤(0.33mg/kg)。

各乡镇统计结果显示(表 4-9)。区内有效硼极为缺乏,丰富—较丰富区仅占调查区耕(园、草)地面积的 0.79%,中等区所占比例为 22.66%;而缺乏—较缺乏区所占比例达到 76.42%,需要适量补充硼元素。

第四节 土壤元素背景值与分布特征

一、土壤元素含量特征

表 4-10 统计了钟祥地区表层土壤中各元素的含量特征,按照各元素含量算术平均值加减 3 倍标准偏差经反复剔除后服从正态分布或对数正态分布,获得背景值,将其与汉江流域经济区表层土壤背景值及全国土壤背景值(A 层)作比较。其中,KK1=元素表层土壤背景值/汉江流域经济区表层土壤背景值,KK2=元素表层土壤背景值/全国土壤背景值(A 层),实际反映了钟祥市各元素在不同空间范围尺度下的富集变化程度。

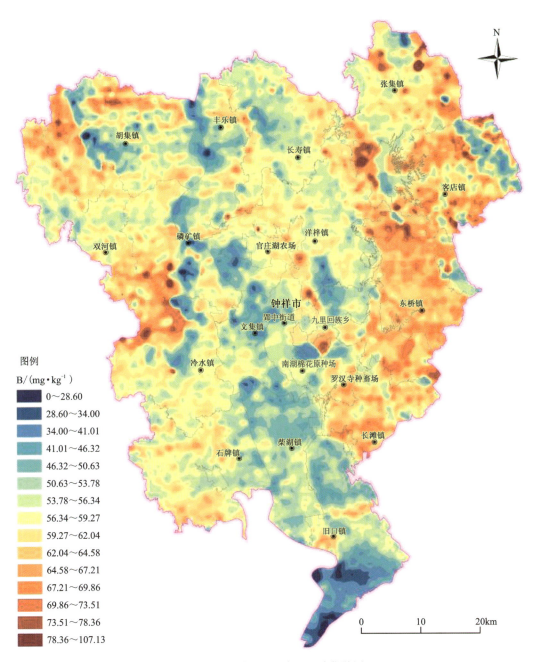

图 4-16 钟祥地区土壤硼地球化学图

表 4-9　钟祥地区土壤有效硼含量等级面积比例统计表　　　　　　　　　　　　单位:%

地区	一级 丰富	二级 较丰富	三级 中等	四级 较缺乏	五级 缺乏
柴湖镇	0	0.02	27.01	72.47	0.50
东桥镇	0	0	0	76.03	23.97
丰乐镇	0	6.61	54.17	38.04	1.18
官庄湖农场	0	0	26.27	66.37	7.36
胡集镇	0	0.74	46.15	52.79	0.32
九里回族乡	0	0	15.97	84.03	0
旧口镇	0	0.10	40.00	58.42	1.48
客店镇	0	0.56	7.85	83.30	8.29
冷水镇	0	0	3.58	76.94	19.48
磷矿镇	0	5.99	31.90	55.82	6.29
罗汉寺种畜场	0	0	0	80.26	19.74
南湖棉花原种场	0	0	63.45	36.55	0
石牌镇	0	0.22	25.85	69.65	4.28
双河镇	0	0	18.10	67.25	14.65
文集镇	0	0	7.58	67.88	24.54
洋梓镇	0	0	8.13	85.42	6.45
郢中街道	0	0	27.62	72.38	0
张集镇	0	0	8.98	84.58	6.44
长寿镇	0	1.69	8.39	77.23	12.69
长滩镇	0	0	10.93	84.98	4.09

表 4-10　钟祥地区表层土壤元素含量统计特征值表

全区	极小值	极大值	均值	背景值	中值	众数	标准方差	变异系数	汉江流域经济区表层土壤背景值	全国土壤背景值（A层）	KK1	KK2
As	0.60	342.24	12.52	12.03	12.20	13.60	6.76	0.54	11.2	11.2	1.07	1.07
B	5.13	143.19	57.17	57.51	57.50	60.20	10.05	0.18	59.7	47.8	0.96	1.20
Cd	0.03	28.30	0.24	0.23	0.20	0.15	0.26	1.11	0.238	0.097	0.97	2.37
Cl	18.00	1 642.20	88.58	79.65	77.40	102.00	52.50	0.59	60.8		1.31	

续表 4-10

全区	极小值	极大值	均值	背景值	中值	众数	标准方差	变异系数	汉江流域经济区表层土壤背景值	全国土壤背景值（A层）	KK1	KK2
Co	3.31	214.63	16.56	16.36	16.35	16.40	3.90	0.24	16.86	12.7	0.97	1.29
Cr	11.30	411.00	79.71	79.67	80.20	81.70	13.40	0.17	81.6	61	0.98	1.31
Cu	5.33	376.65	29.60	29.03	28.40	28.40	8.30	0.28	31.6	22.6	0.92	1.28
F	55	13 793	634	614	607	581	264.27	0.42	576.4	478	1.06	1.28
Ge	0.53	2.71	1.44	1.44	1.44	1.45	0.14	0.10	1.53	1.7	0.94	0.85
Hg	0.004	19.181	0.062	0.050	0.049	0.046	0.16	2.58	0.064	0.065	0.78	0.77
I	0.07	17.40	1.91	1.78	1.58	1.07	1.18	0.62	1.26	3.76	1.41	0.47
Mn	125	34 230	699	683	695	655	381.55	0.55	739.8	583	0.92	1.17
Mo	0.17	29.75	0.96	0.89	0.82	0.69	0.66	0.69	0.8	2	1.11	0.45
N	96	11 045	1546	1512	1483	1405	594.59	0.38	1400		1.08	
V	22	322	106	106	106	104	16.62	0.16	111.1	82.4	0.95	1.28
Ni	6.55	389.00	36.69	36.46	36.40	39.20	8.82	0.24	35.51	26.9	1.03	1.36
P	100	71 716	781	708	704	483	845.45	1.08	726.5		0.97	
Pb	7.50	909.00	28.34	27.71	28.40	29.30	10.33	0.36	29.47	26	0.94	1.07
S	17	6170	268	251	235	203	157.99	0.59	268.1		0.94	
Se	0.05	10.1	0.28	0.28	0.26	0.23	0.13	0.47	0.3	0.29	0.93	0.97
Sr	18	1565	112	111	107	119	45.44	0.42	109.8	167	1.01	0.67
Zn	16.30	1 508.16	78.49	77.30	74.20	65.20	25.87	0.33	80.5	74.2	0.96	1.04
SiO$_2$	16.80	84.12	64.79	64.85	64.92	65.12	4.52	0.07	63.1		1.03	
Al$_2$O$_3$	4.70	23.78	14.07	14.08	14.20	14.44	1.88	0.13	13.61	12.5	1.03	1.13
TFe$_2$O$_3$	1.62	14.50	5.64	5.64	5.64	5.78	0.96	0.17	5.57	4.2	1.01	1.34
MgO	0.32	18.19	1.60	1.55	1.34	1.20	0.82	0.51	1.6	1.3	0.97	1.19
CaO	0.09	28.09	1.48	1.39	0.84	0.59	1.35	0.91	1.41	2.16	0.99	0.64
Na$_2$O	0.08	4.45	1.13	1.13	1.00	0.95	0.50	0.45	0.93	1.37	1.22	0.82
K$_2$O	0.48	8.20	2.36	2.35	2.29	2.10	0.48	0.20	2.28	2.24	1.03	1.05
有机质	0.87		36.40	35.58	32.76	34.48	19.24	0.53	23.62	31.03	1.51	1.15
pH	4.10	9.59	5.75	5.75	6.85	8.04	1.11	0.19	7.93	6.7	0.73	0.86

注：①As～Zn 计量单位为 mg/kg，SiO$_2$～K$_2$O 为％，有机质为 g/kg，pH 值为无量纲；②数据来源，汉江流域经济区表层土壤背景值，汉江流域经济区多目标地球化学调查(2004)；中国土壤背景值(A 层)，中国环境监测总站(1990)。

依照戈尔德施密特元素地球化学分类得出本区元素表层土壤背景值和汉江流域经济区表层土壤背景值的相对富集和贫乏特征,见表4-11。

表 4-11 钟祥地区表层土壤元素背景值富集特征表

元素富集特征	富集元素	接近元素	贫乏元素
	KK≥1.2	1.2>KK>0.8	KK≤0.8
与汉江流域经济区表层土壤背景值比较	Cl、I、Na_2O、有机质	B、Cd、Co、Cr、Cu、F、Ge、Mn、Mo、N、Ni、P、Pb、S、Se、V、Zn、Sr、SiO_2、Al_2O_3、TFe_2O_3、MgO、CaO、K_2O	Hg

与汉江流域经济区比较,区内表层土壤中,多数元素的背景含量与汉江流域经济区土壤背景值较为接近(1.2>KK>0.8);相对较富集(KK≥1.2)的元素有Cl、I、Na_2O、有机质,而相对贫乏(KK≤0.8)的元素仅为Hg。

如图4-17所示,与全国土壤元素背景值(A层)比较,区内Cd、Co、Cr、Cu、F、Ni、V、TFe_2O_3含量相对较富集,比全国平均含量多20%以上,其中Cd元素背景值更是达到全国背景值的2.37倍。而相对贫乏的元素则为Hg、I、Mo、Sr、CaO,其中,I、Mo元素均不到全国背景含量的50%。

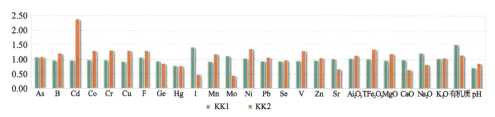

图 4-17 钟祥地区表层土壤背景值与汉江流域经济区及全国土壤背景值(A层)的比较

As、F、Ni、Al_2O_3、TFe_2O_3、K_2O、有机质7种指标无论KK1和KK2均大于1,说明其在不同空间范围对比下均以富集状态存在;Ge、Hg、Se、CaO则均不到1,表明区内元素背景含量较低;I、Mo、Sr、Na_2O等4种指标KK1大于等于1,KK2小于1,说明在一定空间范围内以其整体的匮乏表现为主。

二、地球化学分区

地质环境是自然环境的重要组成部分,是人类生存发展的基本场所,其内各种地质体的物理、化学特征成为人类适宜性的自然因素与条件。其中,土壤是地质作用与人类活动共同作用的产物,它与人类生存发展密切相关,也是维持生态环境的必要条件。

不同的地质环境,由于地球化学背景不同,其为作物提供的化学元素的种类和数量也不相同。对农作物的种植及其品质有着适宜性和限制性作用,也是农业生产布局与农业地质背景协调、适应的综合反映。根据本次分析结果,在土壤中地球化学元素分布特征研究的基础上,将全区大致划分为6个地球化学分区,各地球化学分区如图4-18所示。

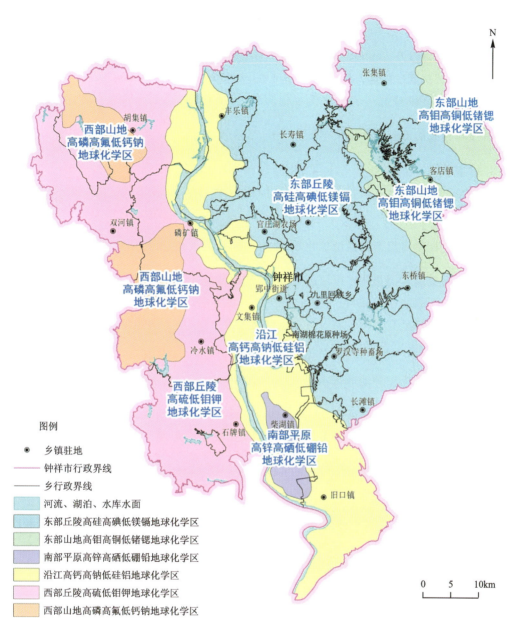

图 4-18 钟祥地区土壤地球化学分区图

1. 东部山地高钼高铜低锗锶地球化学区

该区位于大洪山西部，地势以低山丘陵为主，面积约 128km²。该区域地层为一套震旦系—奥陶系浅海相碳酸盐岩及泥质岩，断裂构造主要以北西向为主，较为发育。该区以高钼高铜低锗锶为主要特征，表层土壤偏碱性，土壤类型以棕色石灰土为主，成土母质主要为碳酸盐岩风化物。

2. 东部丘陵高硅高碘低镁镉地球化学区

该区位于张集镇—长寿镇—长滩镇一线,面积约1765km²。区内地层以中生界白垩系红色砂砾岩、红色砂岩以及志留系纱帽组、罗惹坪组页岩、细砂岩、泥岩为主。该区以高硅碘,低镁镉为主要特征,土壤呈酸性,pH值多小于6.5;土壤类型以黄棕壤和水稻土为主;山谷地区土壤层稍厚,为坡冲积形成,土地性质为梯田和旱地;成土母质主要为碎屑岩风化物。

3. 沿江高钙高钠低硅铝地球化学区

该区位于汉江两岸,分布在丰乐镇—旧口镇一线,面积约1078km²,区内地层以第四系冲积层为主,Ca、Na、Sr、Mg为高背景分布,pH值均大于7.0,土壤类型以水稻土和灰潮土为主,主要为第四系风化母质。

4. 西部山地高磷高氟低钙钠地球化学区

该区位于胡集镇北部及磷矿镇西部,地势以低山丘陵为主,面积约122km²。该区域地层为震旦系—二叠系碳酸盐岩,断裂构造主要以北东向为主,较为发育。该区以高磷高氟低钙钠为主要特征,砷、铅呈高背景分布。表层土壤pH为中碱性,土壤类型以水稻土和灰潮土为主,成土母质主要为泥质岩类风化物。

5. 西部丘陵高硫低钼钾地球化学区

该区位于胡集镇—冷水—石牌镇一线,面积985km²,该区域地层以更新世残坡积、冲积物为主。表层土壤pH以弱酸性为主,土壤类型以水稻土和灰潮土为主,成土母质主要为红砂岩类风化物。

6. 南部平原高锌高硒低硼铅地球化学区

该区位于汉江东侧,分布在柴湖镇南部,面积约82km²,区内地层以更新统湖冲积层为主,富集元素有Zn、Se、Ni、Mo、Mn、Mg、K、Fe、Cu、Cd等。土壤pH值均大于7.0,土壤类型以水稻土和灰潮土为主。

第五章 生态地球化学评价与研究

第一节 农用地土壤环境质量

一、评价标准

土壤重金属风险评价标准按照《土壤环境质量农用地土壤污染风险管控标准（试行）》（GB 15618—2018）执行，评价结果依据《农用地土壤环境质量类别划分技术指南（试行）》进行校正，具体标准值见表5-1～表5-3。

表5-1 农用地土壤污染风险筛选值

序号	污染物项目[①②]		风险筛选值/(mg·kg^{-1})			
			pH≤5.5	5.5＜pH≤6.5	6.5＜pH≤7.5	pH＞7.5
1	镉	水田	0.3	0.4	0.6	0.8
		其他	0.3	0.3	0.3	0.6
2	汞	水田	0.5	0.5	0.6	1.0
		其他	1.3	1.8	2.4	3.4
3	砷	水田	30	30	25	20
		其他	40	40	30	25
4	铅	水田	80	100	140	240
		其他	70	90	120	170
5	铬	水田	250	250	300	350
		其他	150	150	200	250
6	铜	果园	150	150	200	200
		其他	50	50	100	100
7	镍		60	70	100	190
8	锌		200	200	250	300

注：①重金属和类金属砷均按元素总量计；②对于水旱轮作地，采用其中较严格的风险筛选值。

当土壤中污染物含量等于或者小于表 5-1 和表 5-2 险筛选值时,农用地土壤污染风险低,一般情况下可以忽略;高于表 5-1 规定的风险筛选值时,可能存在农用地土壤污染风险,应加强土壤环境监测和农产品协同监测。

当土壤中镉、汞、砷、铅、铬的含量高于表 5-1 规定的风险筛选值,等于或者低于表 5-2 规定的风险管制值时,可能存在食用农产品不符合质量安全标准等土壤污染风险,原则上应当采取农艺调控、替代种植等安全利用措施。

表 5-2 农用地土壤污染风险管制值

序号	污染物项目	风险管制值/(mg·kg^{-1})			
		pH≤5.5	5.5<pH≤6.5	6.5<pH≤7.5	pH>7.5
1	镉	1.5	2.0	3.0	4.0
2	汞	2.0	2.5	4.0	6.0
3	砷	200	150	120	100
4	铅	400	500	700	1000
5	铬	800	850	1000	1300

当土壤中镉、汞、砷、铅、铬的含量高于表 5-2 规定的风险管制值时,食用农产品不符合质量安全标准等农用地土壤污染风险高,且难以通过安全利用措施降低食用农产品不符合质量安全标准等农用地土壤污染风险,原则上应当采取禁止种植食用农产品、退耕还林等严格管控措施。

表 5-3 农用地土壤污染分类释义表

元素	分类类型	污染物含量	风险程度	管理利用分类
镉、汞、砷、铅、铬	优先保护类	Ci≤Si	无风险或风险可忽略	优先保护类
	安全利用类	Si<Ci≤Gi	风险可控	安全利用类
	严格管控类	Ci>Gi	风险控制难度大	严格管控类
铜、锌、镍	优先保护类	Ci≤Si	无风险或风险可忽略	优先保护类
	安全利用类	Si<Ci	风险可控	安全利用类

注:C_i 为元素的实测值;S_i 为筛选值;G_i 为管制值。

二、评价对象

依据《土壤环境质量农用地土壤污染风险管控标准(试行)》(GB 15618—2018)和《土地利用现状分类》(GB/T 21010—2017),土壤污染风险评价的农用地指耕地(水田、旱地、水浇地)、园地(果园、茶园)和草地(天然牧草地、人工牧草地),故本次评价土地利用类型有水田、旱地、水浇地、园地和草地共 5 类,面积共计 2 094.86 km^2。

三、评价方法

(一)单元素评价方法

用单元素实际测试值对图斑进行赋值,用图斑的赋值与土壤污染风险筛选值、风险管控值进行对比,从而判断其是否存在污染风险。

(二)综合质量评价方法

采取最差等级法(即一票否决法)。将8个元素土壤环境质量叠加,某一图斑综合土地环境质量等级等同于该图斑内8个环境元素的最差情况。如某图斑镉、砷、汞风险分别为优先保护类、安全利用类和严格管控类,则该图斑的土壤环境污染为严格管控类。

(三)评价结果修正

按照农用地土壤风险管控标准对土壤风险进行分类后,依据主栽农产品(水稻、小麦、玉米、油菜)安全情况对评价结果进行修正。根据土壤污染程度划分为安全利用类但农产品不超标的修正为优先保护类;根据土壤污染程度划分为严格管控类且农产品不超标修正为安全利用类;根据土壤污染程度划分为安全利用类且农产品严重超标(超过限值2倍)修正为严格管控类。

四、评价结果

(一)单元素土壤环境质量评价结果

评价区单元素土壤污染风险分区面积统计见表5-4。

表5-4 单元素土壤污染风险分区面积统计表

指标	总面积/km²	优先保护区		安全利用区		风险管控区	
		面积/km²	比例/%	面积/km²	比例/%	面积/km²	比例/%
As	2 094.86	2 084.84	99.52	10.01	0.48	0	0
Cd	2 094.86	2 077.92	99.19	16.95	0.81	0	0
Cr	2 094.86	2 094.79	99.99	0.07	0.01	0	0
Cu	2 094.86	2 092.36	99.88	2.51	0.12	0	0
Hg	2 094.86	2 092.42	99.88	2.40	0.11	0.04	0.01
Ni	2 094.86	2 094.28	99.97	0.59	0.03	0	0
Pb	2 094.86	2 094.51	99.98	0.36	0.02	0	0
Zn	2 094.86	2 093.71	99.95	1.15	0.05	0	0

1. As

区内表层土壤 As 元素污染分区主要分为优先保护区、安全利用区。其中优先保护区面积分别为 2 084.84km²,占比为 99.52%;安全利用区面积为 10.01km²,占比为 0.48%。

2. Cd

区内表层土壤 Cd 元素污染分区分为优先保护区和安全利用区。优先保护区面积为 2 077.92km²,占比为 99.19%;安全利用区面积为 16.95km²,占比为 0.81%。

3. Cr

区内表层土壤 Cr 元素污染分区 99.99% 的评价面积均为优先保护区,表明土壤 Cr 元素基本无风险。

4. Hg

区内表层土壤 Hg 元素污染分区分为优先保护区和安全利用区。优先保护区面积为 2 092.42km²,占比为 99.88%;安全利用区面积为 2.40km²,占比为 0.11%;风险管控区面积 0.04km²,位于张集镇沙河村。

5. Pb

区内表层土壤 Pb 元素污染分区分为优先保护区和安全利用区。优先保护区面积为 2 094.51km²,占比为 99.98%;安全利用区面积为 0.36km²,占比为 0.02%。安全利用区分布于冷水镇镇官坡村、桥坡村、九里回族乡杨桥村以及旧口镇东方红村。

6. Cu、Zn、Ni

区内表层土壤 Cu、Zn、Ni 元素污染分区都只分为优先保护区和安全利用区,优先保护区面积分别为 2 092.36km²、2 093.71km²、2 094.28km²;安全利用区面积占比分别为 0.12%、0.06%、0.03%。

(二)土壤重金属综合评价质量

农用地土壤污染风险综合评价见表 5-5。

评价区内农用地优先保护区面积为 2 062.79km²,占比为 98.47%;安全利用区面积为 31.31km²,占比 1.49%;严格管控区面积 0.76km²,占比为 0.04%。对不同土地利用类型研究发现,安全利用区主要集中于旱地、水田中,旱地中安全利用区面积为 16.62km²、水田安全利用区面积为 11.56km²。安全利用区的分布主要受到 As、Cd、Cu、Hg、Zn 的影响。总体上看,评价区农用地土壤污染环境风险极低,仅 1.53% 的农用地可能存在污染风险,但是风险可控,建议在这些地块加强农作物的安全性监测,发现问题及时制订调控方案,将风险控制到最低。

表 5-5 农用地土壤污染风险综合评价一览表

土地利用	优先保护区		安全利用区		严格管控区	
	面积/km²	比例/%	面积/km²	比例/%	面积/km²	比例/%
水田	945.29	45.12	11.56	0.55	0.74	0.04
旱地	1 059.56	50.58	16.62	0.79	0.01	0.000 3
水浇地	8.82	0.42	0.17	0.01	0	0
园地	0.17	0.01	0.001	0.00	0.012	0.000 6
草地	3.81	0.18	0.09	0.004	0	0
全区	2 062.79	98.47	31.31	1.49	0.76	0.04

第二节 水环境质量评价

一、评价标准和方法

地表水样品 178 组,按《地表水环境质量标准》(GB 3838—2002)进行分级评价,分级标准见表 5-6。

表 5-6 地表水环境质量标准限值 单位:mg/L

分类		Ⅰ类	Ⅱ类	Ⅲ类	Ⅳ类	Ⅴ类
pH 值(无纲量)				6～9		
溶解氧量	≥	饱和率90%或(7.5)	6	5	3	2
高锰酸钾指数	≤	2	4	6	10	15
总磷(以 P 计)	≤	0.02 (湖、库 0.01)	0.1 (湖、库 0.025)	0.2 (湖、库 0.05)	0.3 (湖、库 0.1)	0.4 (湖、库 0.2)
总氮(湖、库,以 N 计)	≤	0.2	0.5	1.0	1.5	2.0
铜	≤	0.01	1.0	1.0	1.0	1.0
锌	≤	0.05	1.0	1.0	2.0	2.0
氟化物(以 F⁻ 计)	≤	1.0	1.0	1.0	1.5	1.5
硒	≤	0.01	0.01	0.01	0.02	0.02
砷	≤	0.05	0.05	0.05	0.1	0.1
汞	≤	0.000 05	0.000 05	0.000 1	0.001	0.001
镉	≤	0.001	0.005	0.005	0.005	0.01
铬(六价)	≤	0.01	0.05	0.05	0.05	0.1
铅	≤	0.01	0.01	0.05	0.05	0.1
硫化物	≤	0.05	0.1	0.2	0.5	1.0

二、水环境质量状况

地表水评价结果如表 5-7 所示,区内地表水环境质量总体一般,以Ⅳ类、Ⅲ类、超Ⅴ类为主,Ⅴ类和Ⅱ类地表水次之,无Ⅰ类地表水。各类地表水具体特征分叙如下。

调查区内只有 Se 和 Pb 两种指标均达到Ⅰ类水质标准。

As:Ⅰ类水质 171 件,占 96.07%;超Ⅳ类水质 7 件,占 3.39%。

Hg:Ⅰ类水质 149 件,占 83.71%;Ⅲ类水质 27 件,占 15.17%;Ⅳ类水质 2 件,占 1.12%。

Cu、Cd、Cr^{6+}:Ⅰ类水质均各为 177 件,各占 99.44%;Ⅱ类均各为 1 件,各占 0.56%。

Zn:Ⅰ类水质为 160 件,占 89.89%;Ⅱ类为 18 件,占 10.11%。

表 5-7　地表水质量评价统计表

分类 指标	Ⅰ类		Ⅱ类		Ⅲ类		Ⅳ类		Ⅴ类		超Ⅴ类	
	样点数/件	比例/%	样点数/件	比例/%	样点数/件	比例/%	样点数/件	比例/%	样点数/件	比例/%	样点数/件	比例/%
As	171	96.07	0	0	0	0	0	0	0	0	7	3.93
Hg	149	83.71	0	0	27	15.17	2	1.12	0	0	0	0
Se	178	100	0	0	0	0	0	0	0	0	0	0
Cu	177	99.44	1	0.56	0	0	0	0	0	0	0	0
Zn	160	89.89	18	10.11	0	0	0	0	0	0	0	0
Cd	177	99.44	1	0.56	0	0	0	0	0	0	0	0
Pb	178	100	0	0	0	0	0	0	0	0	0	0
Cr^{6+}	177	99.44	1	0.56	0	0	0	0	0	0	0	0
F^-	158	88.76	0	0	0	0	9	5.06	0	0	11	6.18
高锰酸钾指数	23	12.92	47	26.40	62	34.83	36	20.22	9	5.06	1	0.56
总氮	1	0.56	6	3.37	48	26.97	35	19.66	23	12.92	65	36.52
总磷	23	12.92	82	46.07	23	12.92	13	7.30	5	2.81	34	19.10
综合	0	0	5	1.42	44	24.72	40	22.47	19	10.67	70	39.33

氟化物:Ⅰ类水质 158 件,占 88.76%;Ⅳ类水质 9 件,占 5.06%;超Ⅳ类水质 11 件,占 6.18%。

高锰酸钾指数:Ⅰ类水质 23 件,占 12.92%;Ⅱ类水质 47 件,占 26.40%;Ⅲ类水质 62 件,占 34.83%;Ⅳ类水质 36 件,占 20.22%;Ⅴ类水质 9 件,占 5.06%;超Ⅴ类水质 1 件,占 0.56%。

总氮:Ⅰ类水质 1 件,占 0.56%;Ⅱ类水质 6 件,占 3.37%;Ⅲ类水质 48 件,占 26.97%;

Ⅳ类水质35件,占19.66%;Ⅴ类水质23件,占12.92%;超Ⅴ类水质65件,占36.52%。

总磷:Ⅰ类水质23件,占12.92%;Ⅱ类水质82件,占46.07%;Ⅲ类水质23件,占12.92%;Ⅳ类水质13件,占7.30%;Ⅴ类水质5件,占2.81%;超Ⅴ类水质34件,占19.10%。

采取一票否决法进行评价。将某点所测指标的值与标准值进行对比,最差类别的指标代表该点地表水的综合类别。如某区的Cd、硫化物、总氮测试值分别为Ⅰ类、Ⅲ类、超Ⅴ类,则该区的地表水环境质量为超Ⅴ类水。

综合结果:在178个地表水评价单元中,无Ⅰ类水评价单元;Ⅱ地表水评价单元5个,占1.42%;Ⅲ类地表水评价单元44个,占24.72%;Ⅳ类地表水评价单元40个,占22.47%;Ⅴ类地表水评价单元19个,占10.67%;超Ⅴ类地表水评价70个,占39.33%。

影响水质环境质量的主要指标是总氮、总磷,其次是高锰酸钾指数和氟化物,影响程度为总氮(N)>总磷(P)>高锰酸钾指数>氟化物>其他元素指标,水体绝大部分样点的总氮浓度较高,为Ⅳ类、Ⅴ类、超Ⅴ类,个别样点总磷、高锰酸钾指数、氟化物浓度较高;重金属元素除7个样点As元素含量较高外,其余重金属等污染元素含量较低。

在空间分布上,地表水水质较好(Ⅱ类、Ⅲ类、Ⅳ类地表)的地区主要分布在双河镇、长寿镇、张集镇、客店镇、长滩镇、东桥镇及冷水镇南部,水质较差(Ⅴ类、超Ⅴ类地表水)的区域主要集中分布在胡集镇北东部、石牌镇南部、九里回族乡境内的南湖渔场及南湖原种场和旧口镇一带(图5-1)。

第三节 大气和施肥对土地生态的影响

土壤中的元素除受到自然背景的影响,也受到水、大气及人类活动的影响,本节主要讨论大气沉降和人类施肥对土壤生态环境质量的影响。

一、大气沉降对土地生态的影响

依据全市47处大气沉降监测点数据,计算大气沉降带入到表层土壤中的元素通量,土壤按每亩15万kg计算,将计算的结果与土壤背景值比较(表5-8)。

由表5-8可见,大气每年带入土壤中Se元素含量为0.056 54mg/kg,Zn 2.490 69mg/kg,Pb 0.569 57mg/kg,Cu 0.792 99mg/kg,Cr 0.363 22mg/kg,As 0.07 798mg/kg,Cd 0.016 5mg/kg,Hg 0.001 48mg/kg。与表层土壤背景值相比,As带入量为1/154,Cr带入量为1/219,其他元素代入量为1/50~1/5。

综合来看,区内大气沉降输入对土壤环境元素的影响较弱。

二、施肥对土地生态的影响

调查表明,区内施用的肥料主要为复合肥,少量使用尿素。施肥量一般一年两季,一季一亩各50kg左右。测试分析了C_{org}、Cr、Ni、Cu、Zn、Cd、Pb、As、Hg、Se等10项指标。对复合肥中元素含量进行统计发现,肥料中N平均含量为21.78%,P_2O_5平均含量为11.26%,K_2O平均含量为10.36%,C_{org}平均含量为3.82%。

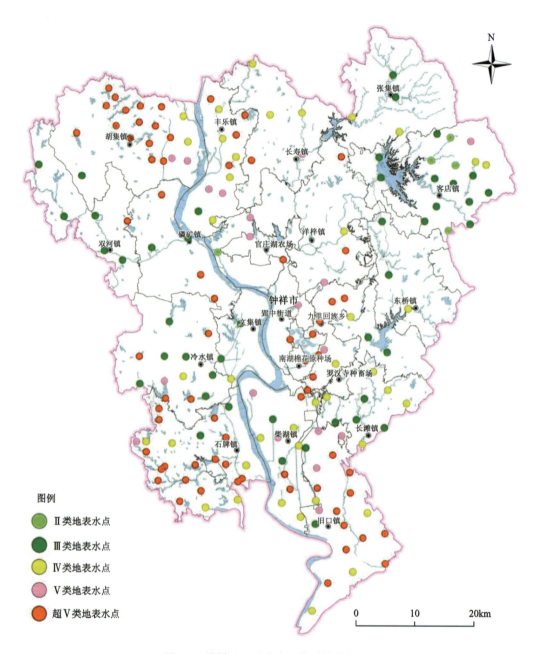

图 5-1 钟祥地区地表水环境质量分级图

表 5-8 大气干湿沉降元素年通量密度及沉降量

元素	年通量密度/(kg·km^{-2}·a^{-1})	大气带入量/(mg·kg^{-1})	表层土壤背景值/(mg·kg^{-1})	KK 值
Se	5.654	0.056 54	0.28	5
As	7.798	0.077 98	12.03	154
Hg	0.148	0.001 48	0.05	34

续表 5-8

元素	年通量密度/(kg·km^{-2}·a^{-1})	大气带入量/(mg·kg^{-1})	表层土壤背景值/(mg·kg^{-1})	KK 值
Cr	36.322	0.363 22	79.67	219
Cu	79.299	0.792 99	29.03	37
Zn	249.069	2.490 69	77.03	31
Cd	1.65	0.016 5	0.23	14
Pb	56.957	0.569 57	27.71	49

注:KK 值=表层土壤背景值/大气带入量。

按照《测土配方施肥技术规范》(NY/T 1118—2016),将本次调查施肥每亩施用量按每亩 15 万 kg 表层土壤换算成土壤含量(按一年两季作物,每季作物施用复合肥 50kg 计),与表层土壤背景值对比(表 5-9)。

表 5-9 施肥年平均带入土壤元素含量与表层土壤背景对比

元素	肥料平均带入量/(mg·kg^{-1})	表层土壤背景值/(mg·kg^{-1})	KK 值	元素	肥料平均带入量/(mg·kg^{-1})	表层土壤背景值/(mg·kg^{-1})	KK 值
Cr	0.008 4	79.67	9485	Pb	0.002 7	27.71	10 263
Ni	0.002 9	36.46	12 748	As	0.004 6	12.03	2596
Cu	0.003 3	29.03	8923	Hg	0.000 03	0.05	1744
Zn	0.027 0	77.3	2867	Se	0.000 2	0.28	1680
Cd	0.000 2	0.23	1500	Corg	43.904 0	32 570	742

注:KK 值=表层土壤背景值/肥料平均值。

Se 元素每年因施肥平均带入量为 0.000 2mg/kg,最大可达到 0.002 6mg/kg,为土壤背景值的 1/2000～1/110,其他元素如重金属带入量为 $n×10^{-5}$～$n×10^{-3}$mg/kg,为土壤背景值的 1/12 000～1/1500,这表明施肥对本区重金属元素含量的增加与污染贡献较小,短期内基本无影响。本次调查肥料中的 Zn 元素含量较高,166 件肥料样品 Zn 含量均值为 40.44mg/kg,最大值可达 2152mg/kg。Cd、Hg、Se 3 种元素的带入量为土壤背景值的 1/1500 左右,As、Zn 两元素的带入量为土壤背景值的 1/3000 左右,Cu、Ni 和 Pb 元素的带入量约为土壤背景值的 1/10 000,Ni 带入量为土壤背景值的 1/12 000 左右。

以《绿色食品——产地环境质量》(NY/T 391—2021)的土壤环境质量要求为标准(表 5-10),166 件肥料样品的 6 项重金属测试指标含量只有 Pb、Cr 全部达到了绿色农产品的环境标准,本区复合肥中重金属 Cr、Hg、As、Cu 元素各有 20 件、3 件、4 件、2 件样品超过了绿色标准,特别是复合肥中 Cr 元素含量较高,平均值为 12.60mg/kg,最大值为 55.90mg/kg,但是由于本区土壤评价 Cr 元素也基本不存在污染,因此肥料当中的 Cr 元素当前不对土壤环境构成威胁。

表 5-10　绿色食品产地环境质量土壤质量要求　　　　　　　　　　　　　　单位:mg/kg

项目	旱田			水田		
	pH＜6.5	6.5≤pH≤7.5	pH＞7.5	pH＜6.5	6.5≤pH≤7.5	pH＞7.5
总镉	≤0.30	≤0.30	≤0.40	≤0.30	≤0.30	≤0.40
总汞	≤0.25	≤0.30	≤0.35	≤0.30	≤0.40	≤0.40
总砷	≤25	≤20	≤20	≤20	≤20	≤15
总铅	≤50	≤50	≤50	≤50	≤50	≤50
总铬	≤120	≤120	≤120	≤120	≤120	≤120
总铜	≤50	≤60	≤60	≤50	≤60	≤60

注:①果园土壤中铜限量值为旱田中铜限量值的2倍;②水旱轮作的标准值取严不取宽;③底泥按照水田标准执行。

综上,短期来看,未来10年内,以当前的施肥速率,对土壤引起污染的可能性很小,但同时也应注意肥料中的物质一般都是可溶态的,活性较强,容易被农作物吸收,对土壤引起污染的可能性依然存在,因此应加强对肥料中重金属元素的限制。

第四节　农产品安全性评价

一、农产品安全等级标准

依据中华人民共和国《食品安全国家标准　食品中污染物限量》(GB 2762—2017)标准,对农作物中 As、Cd、Cr、Hg、Pb 等5项指标进行评价。

二、主要农产品安全质量状况

(一)粮食类

粮食类包含水稻、小麦和玉米,各农作物重金属元素含量统计见表5-11。

根据表5-11粮食类中重金属元素的含量和食品安全性标准可以看出,重金属指标含量在水稻中有1件 Pb 元素超标,10件 Cd 元素超标,其最大含量为0.506mg/kg,是食品安全标准限值的2.5倍,另外各有1件样品 As 和 Cr 元素超标。小麦中,按小麦面粉评价的203件样品中有1件 Hg 元素略微超标,2件 Cr 元素超标,其最大值8.862mg/kg,是食品安全标准限值的8倍,按小麦麸皮评价的76件样品重金属指标全部不存在超标情况。玉米中仅1件 Pb 元素略微超标。

(二)蔬菜类

包含白菜、萝卜和地瓜,各农作物重金属元素的含量见表5-12。

可以看出,评价区内蔬菜类农产品重金属元素含量中,除了1件白菜中 Pb 元素含量高于食品安全标准限值,其余农产品中重金属含量均不存在超标情况。

表 5-11 粮食类农产品安全性评价统计表

作物	元素	最小值	最大值	均值	限量标准	超标件数	测试部位
水稻 n=260	Pb	0.026	0.232	0.057	0.2	1	籽实
	Cd	0.005	0.506	0.063	0.2	10	
	Hg	0.000 5	0.012	0.004 2	0.02	0	
	As	0.040	0.571	0.203	0.5	1	
	Cr	0.090	1.349	0.283	1	1	
小麦 n=279	Pb	0.01	0.130	0.061	0.2	0	籽实
	Cd	0.011	0.089	0.030	0.2	0	
	Hg	0.000 5	0.024	0.003 5	0.02	1	
	As	0.040	0.064	0.041	0.5	0	
	Cr	0.02	8.862	0.176	1	2	
	Pb	0.05	0.259	0.065	0.5	0	麸皮
	Cd	0.019	0.088	0.046	0.1	0	
	Hg	0.000 5	0.009 5	0.004 8	0.02	0	
	As	0.040	0.072	0.041	0.5	0	
	Cr	0.053	0.269	0.091	1	0	
玉米 n=162	Pb	0.050	0.201	0.059	0.2	1	籽实
	Cd	0.005	0.099	0.011	0.2	0	
	Hg	0.000 5	0.005 9	0.002 7	0.02	0	
	As	0.040	0.046	0.040	0.5	0	
	Cr	0.069	0.281	0.133	1	0	

注：①计量单位为 mg/kg；②污染物限量参见《食品安全国家标准 食品中污染物限量》(GB 2762—2017)。

表 5-12 蔬菜类农产品安全性评价量统计表

作物	元素	最小值	最大值	均值	污染物限量	超标件数	测试部位
白菜 n=44	Pb	0.005	0.695	0.041	0.3	1	茎叶
	Cd	0.003 4	0.056	0.016	0.2	0	
	Hg	0.000 05	0.000 44	0.000 2	0.01	0	
	As	0.004	0.005	0.004	0.5	0	
	Cr	0.009	0.055	0.019	0.5	0	

续表 5-12

作物	元素	最小值	最大值	均值	污染物限量	超标件数	测试部位
萝卜 $n=44$	Pb	0.005	0.178	0.018	0.2	0	块茎
	Cd	0.003 0	0.034 9	0.012 4	0.1	0	
	Hg	0.000 27	0.000 10	0.000 68	0.01	0	
	As	0.004	0.006	0.004	0.5	0	
	Cr	0.008	0.151	0.019	0.5	0	
地瓜 $n=10$	Pb	0.005	0.018	0.009	0.2	0	块茎
	Cd	0.001 5	0.003 4	0.002 4	0.1	0	
	Hg	0.000 35	0.000 47	0.000 41	0.01	0	
	As	0.004	0.004	0.004	0.5	0	
	Cr	0.010	0.017	0.014	0.5	0	

注：①计量单位为 mg/kg；②污染物限量参见《食品安全国家标准 食品中污染物限量》(GB 2762—2017)。

(三) 水果类

包含沙梨和泉水柑，各农作物重金属元素含量统计见表 5-13。

表 5-13 水果类农产品安全性评价统计表

作物	元素	最小值	最大值	均值	污染物限量	超标件数	测试部位
沙梨 $n=51$	Pb	0.005	0.097	0.008	0.1	0	果实
	Cd	0.001 4	0.010 7	0.005 3	0.05	0	
	Hg	0.000 39	0.001 27	0.000 6	0.01	0	
	As	0.004	0.018	0.004	0.5	0	
	Cr	0.004	0.027	0.011	0.5	0	
泉水柑 $n=30$	Pb	0.005	0.037	0.010	0.1	0	果实
	Cd	0.000 5	0.000 6	0.000 5	0.05	0	
	Hg	0.000 15	0.000 56	0.000 40	0.01	0	
	As	0.004	0.004	0.004	0.5	0	
	Cr	0.016	0.068	0.033	0.5	0	

注：①计量单位为 mg/kg；②污染物限量参见《食品安全国家标准 食品中污染物限量》(GB 2762—2017)。

根据表 5-13 中沙梨和泉水柑中重金属元素的含量和食品安全性标准可以看出，重金属含量不存在超标情况。

(四) 油料类

包含油菜、黄豆和花生，各农作物重金属元素的含量见表 5-14。

表 5-14 油料类农产品安全性评价统计表

作物	元素	最小值	最大值	均值	污染物限量	超标件数	测试部位
油菜 $n=94$	Pb	0.049	0.204	0.080	0.2	1	籽实
	Cd	0.023	0.151	0.071	0.2	0	
	Hg	0.000 5	0.004 0	0.001 4	0.02	0	
	As	0.040	0.180	0.050	0.5	0	
	Cr	0.180	0.555	0.378	1	0	
黄豆 $n=77$	Pb	0.050	0.150	0.061	0.2	0	籽实
	Cd	0.036 7	0.118 3	0.068 8	0.2	0	
	Hg	0.001 0	0.006 0	0.002 8	0.02	0	
	As	0.040	0.049	0.040	0.5	0	
	Cr	0.260	0.796	0.463	1	0	
花生 $n=30$	Pb	0.05	0.05	0.05	0.2	0	果实
	Cd	0.035	0.598	0.176	0.5	1	
	Hg	0.000 5	0.000 5	0.000 5	0.02	0	
	As	0.040	0.040	0.040	0.5	0	
	Cr	0.817	1.392	1.059	/	/	

注：①计量单位为 mg/kg；②污染物限量参见《食品安全国家标准　食品中污染物限量》(GB 2762—2017)。

根据表 5-14 统计数据，油料作物类中重金属元素的含量指标在油菜中有 1 件 Pb 元素超标，最大含量为 0.204mg/kg；黄豆 77 件样品中重金属指标全部不存在超标情况；花生有 1 件样品 Cd 元素超标，最大含量为 0.598mg/kg，略高于食品安全标准限量值。

（五）特色类

包含香菇和葛根，各农作物重金属元素的含量见表 5-15。

表 5-15 特色农产品安全性评价统计表

作物	元素	最小值	最大值	均值	污染物限量	超标件数	测试部位
香菇 $n=18$	Pb	0.007	0.063	0.024	1.0	0	菌体
	Cd	0.050	0.624	0.230	0.5	2	
	Hg	0.001 1	0.003 4	0.002 0	0.1	0	
	As	0.011	0.165	0.039	0.5	0	

续表 5-15

作物	元素	最小值	最大值	均值	污染物限量	超标件数	测试部位
葛根 $n=10$	Pb	0.05	0.23	0.13	1.0	0	块茎
	Cd	0.011	0.115	0.049	0.5	0	
	Hg	0.0011	0.0015	0.0014	0.1	0	
	As	0.04	0.04	0.04	0.5	0	

注：①计量单位为 mg/kg；②污染物限量参见《食品安全国家标准　食品中污染物限量》(GB 2762—2017)。

三、农产品安全性等级划分结果

依照分级标准对照实际测试结果对各个样品的各项指标逐一判定，每个样品以各项指标中级别最差的结果作为该样品的安全等级，分级结果统计见表 5-16。

表 5-16　农产品安全性评价分级一览表

农作物	测试部位	样品数/件	安全食品	超标食品
稻米	籽实	260	247	13
小麦	籽实	203	200	3
	麸皮	76	76	0
玉米	籽实	162	161	1
白菜	茎叶	44	43	1
萝卜	块茎	44	44	0
地瓜	块茎	10	10	0
沙梨	果实	51	51	0
泉水柑	果实	30	30	0
油菜	籽实	94	93	1
黄豆	籽实	77	77	0
花生	果实	30	29	1
香菇	菌体	18	16	2
葛根	块茎	10	10	0
合计		1109	1087	22

通过数据分析发现，稻米、小麦面粉、玉米、香菇、白菜、花生存在少量超标情况（共 22 件），其中稻米超标数量稍高（13 件）。农产品中萝卜、地瓜、沙梨、泉水柑、黄豆和葛根均未出现重金属元素超标情况，均达到食品安全限量要求。

第五节 土壤-植物体系重金属元素迁移与累积效应研究

一、粮油类农产品

1. 水稻

全区共采集了水稻根、茎叶、籽实3个部位样品,其中水稻根、茎叶样品各56件,水稻籽实样品260件。水稻重金属生物富集系数列于表5-17。

表5-17 水稻重金属元素富集系数统计表

元素	大米			水稻茎叶			水稻根		
	最小值	最大值	均值	最小值	最大值	均值	最小值	最大值	均值
As	0.002	0.061	0.020	0.016	0.595	0.143	0.990	19.485	5.565
Cr	0.001	0.022	0.004	0.030	0.169	0.072	0.057	0.545	0.161
Ni	0.001	0.072	0.013	0.023	0.095	0.056	0.046	0.351	0.156
Cu	0.027	0.228	0.106	0.086	2.418	0.457	0.252	6.261	1.037
Zn	0.105	0.479	0.248	0.152	1.165	0.425	0.124	1.254	0.422
Pb	0.001	0.010	0.002	0.007	0.114	0.029	0.051	1.040	0.272
Hg	0.0005	0.053	0.006	0.035	0.610	0.284	0.072	1.798	0.580
Cd	0.008	4.213	0.287	0.032	3.322	0.401	0.159	20.482	2.654

从表5-17中可看出以下特征:

(1) Zn在水稻的根、茎叶和稻米中的富集系数差别不大,反映出Zn在转化迁移中损耗较小,具有较好吸收和富集能力。其余重金属元素均在水稻根部蓄积最高,按生物富集系数排列来看,Zn元素在茎叶中含量最高,籽实中最低。

(2) Cd在水稻的根、茎叶和籽实中均有较高的含量,生物富集系数为2.654、0.401、0.287,水稻籽实中的高量反映了镉在所有重金属中活性度最高,而其生物活性度也最大,是农业安全最需关注的元素。

(3) As在水稻的根中高度富集,生物蓄积度高达5.565,而茎叶、籽实迅速降低,表明水稻根系对砷具有特别的蓄积效应。

(4) 按照各重金属的生物富集尺度,水稻整个生长过程对重金属蓄积响应顺序分别为:

根——砷＞镉＞铜＞汞＞锌＞铅＞铬＞镍;

茎叶——铜＞锌＞镉＞汞＞砷＞铬＞镍＞铅;

籽实——镉＞锌＞铜＞砷＞镍＞汞＞铬＞铅。

2. 小麦

小麦重金属生物富集系数列于表5-18。

表 5-18　小麦面粉中重金属富集系数统计表

元素	最小值	最大值	均值	元素	最小值	最大值	均值
As	0.001	0.012	0.004	Zn	0.029	0.738	0.189
Cr	0.000 2	0.082	0.002	Pb	0.000 3	0.007	0.002
Ni	0.001	0.048	0.005	Hg	0.003	0.593	0.080
Cu	0.030	0.415	0.116	Cd	0.029	0.729	0.138

从表中可看出以下特征：

(1)按照各重金属的生物富集尺度,小麦在整个生长过程对重金属蓄积响应顺序分别为 Zn>Cd>Cu>Hg>Ni>As>Pb>Cr。

(2)对于 Zn 而言,小麦面粉中的富集系数最高(0.189),反映出 Zn 在转化迁移中损耗较小,具有较好吸收和富集能力。

(3)小麦面粉中 Cd 的富集系数为 0.138,显示小麦对镉具有一定的累积效应,富集系数的高量一定程度反映了镉的活性响应程度,而其较强的生物活性也是农业安全最需关注的元素。

3. 玉米

表 5-19 统计了玉米中重金属元素富集特征。

表 5-19　玉米中重金属元素富集系数统计表

元素	最小值	最大值	均值	元素	最小值	最大值	均值
As	0.001	0.011	0.004	Zn	0.092	0.522	0.261
Cr	0.001	0.004	0.002	Pb	0.001	0.007	0.002
Ni	0.002	0.024	0.008	Hg	0.002	0.222	0.061
Cu	0.027	0.261	0.075	Cd	0.008	1.003	0.051

玉米样对不同重金属的累积程度差异较大,其中 Zn 元素的富集系数(0.261)明显大于其他重金属元素,其次为 Cu、Cd、Hg,富集系数在 0.05 以上,其余 4 种重金属元素的富集系数则较低。

4. 黄豆

黄豆重金属元素富集特征见表 5-20。从表中可看出黄豆的富集特征:黄豆样品对不同重金属的富集程度差异较大,其中 Zn、Cu 元素的富集系数为 0.515、0.525,明显高于其他元素,其次为 Cd(0.183),其余 5 种重金属元素在黄豆中的富集能力较低。

表 5-20　黄豆中重金属元素富集系数统计表

元素	最小值	最大值	均值	元素	最小值	最大值	均值
As	0.002	0.007	0.004	Zn	0.281	0.849	0.515
Cr	0.003	0.011	0.006	Pb	0.002	0.007	0.003
Ni	0.015	0.205	0.063	Hg	0.003	0.153	0.054
Cu	0.298	0.869	0.525	Cd	0.089	0.349	0.183

5. 油菜

油菜重金属生物富集系数列于表 5-21。油菜籽 Zn 元素的富集系数(0.446)明显大于其他重金属元素，其次为 Cd(0.224)、Cu(0.108)，其余 5 种重金属元素的富集系数则较低。

表 5-21　油菜籽中重金属元素富集系数统计表

元素	最小值	最大值	均值	元素	最小值	最大值	均值
As	0.002	0.016	0.005	Zn	0.231	0.954	0.446
Cr	0.002	0.008	0.005	Pb	0.001	0.007	0.003
Ni	0.003	0.050	0.013	Hg	0.003	0.104	0.027
Cu	0.045	0.178	0.108	Cd	0.042	0.662	0.224

6. 花生

通过对 30 件花生样品的生物富集系数的统计（表 5-22），可见花生样品对不同重金属元素的富集程度差异较大，其中 Cd 元素的富集系数(1.147)比其他元素高出数倍，说明花生对 Cd 元素的富集能力较强，其次为 Zn、Cu 元素，其富集系数分别为 0.694、0.666，其余 5 种元素的富集系数相对较低，尤其是 As、Pb、Hg 均未达到检出限。

表 5-22　花生中重金属元素富集系数统计表

元素	最小值	最大值	均值	元素	最小值	最大值	均值
As	0.002	0.010	0.004	Zn	0.285	1.362	0.694
Cr	0.011	0.019	0.014	Pb	0.001 5	0.002 5	0.001 9
Ni	0.013	0.597	0.190	Hg	0.003	0.018	0.009
Cu	0.212	1.269	0.666	Cd	0.199	5.987	1.147

二、水果类农产品

沙梨和泉水柑中重金属元素富集特征见表 5-23。

全区共采集了 51 件沙梨和 30 件泉水柑样品，如表所示，沙梨和泉水柑的样品对不同重金属的富集程度差异较小,其中沙梨样品中的 Cd、Cu、Hg 元素的富集系数均为 0.01 左右,在沙梨中相对较高;而泉水柑样品中仅 Cu 元素富集相对较高,其余重金属元素在沙梨和泉水柑中的富集能力非常低,尤其是 As 元素,在沙梨和泉水柑样品中均未达到检出限。

表 5-23 沙梨和泉水柑中重金属元素富集系数统计表

元素	沙梨			元素	泉水柑		
	最小值	最大值	均值		最小值	最大值	均值
As	0.000 2	0.003 6	0.000 6	As	0.000 1	0.000 6	0.000 3
Cr	0.000 1	0.000 4	0.000 2	Cr	0.000 2	0.000 7	0.000 4
Ni	0.000 5	0.006 3	0.001 7	Ni	0.000 7	0.005 7	0.002 0
Cu	0.003 3	0.044 9	0.014 6	Cu	0.005 8	0.021 4	0.011 5
Zn	0.002 0	0.012 9	0.005 8	Zn	0.002 8	0.012 8	0.007 4
Pb	0.000 2	0.004 2	0.000 4	Pb	0.000 2	0.001 1	0.000 3
Hg	0.004 4	0.045 6	0.016 3	Hg	0.003 3	0.021 4	0.009 6
Cd	0.005 4	0.064 2	0.020 0	Cd	0.000 6	0.009 9	0.002 6

三、蔬菜类农产品

蔬菜类农产品中重金属元素富集特征见表 5-24。

通过对萝卜、白菜和地瓜样品的生物富集系数统计可以看出:相对于粮油类农产品而言,蔬菜的富集系数明显属于极低的范围。萝卜、白菜和地瓜样品对不同重金属的富集程度差异不大,其中富集系数最高的元素均为 Cd,富集系数分别为 0.076 3、0.091 7 和 0.023 7;其次为 Zn、Hg、Cu,另外,As 元素在地瓜中未达到检出限,白菜和萝卜中都只有 1 件样品高出检出限。

表 5-24 蔬菜类农产品中重金属元素富集系数统计表

元素	萝卜			元素	白菜			元素	地瓜		
	最小值	最大值	均值		最小值	最大值	均值		最小值	最大值	均值
As	0.000 2	0.001 3	0.000 5	As	0.000 2	0.000 8	0.000 4	As	0.000 5	0.000 6	0.000 5
Cr	0.000 1	0.002 3	0.000 3	Cr	0.000 1	0.000 8	0.000 2	Cr	0.000 1	0.000 2	0.000 1
Ni	0.000 5	0.005 7	0.001 4	Ni	0.000 8	0.004 0	0.001 9	Ni	0.000 9	0.003 0	0.001 8
Cu	0.004 3	0.217 7	0.017 2	Cu	0.001 3	0.001 3	0.001 3	Cu	0.016 6	0.016 6	0.016 6
Zn	0.008 3	0.079 7	0.025 7	Zn	0.003 2	0.068 6	0.030 2	Zn	0.015 6	0.029 0	0.023 5
Pb	0.000 1	0.006 3	0.000 7	Pb	0.000 04	0.027 5	0.001 6	Pb	0.000 2	0.000 6	0.000 3
Hg	0.000 9	0.025 3	0.009 3	Hg	0.000 3	0.022 5	0.005 2	Hg	0.003 8	0.003 8	0.003 8
Cd	0.009 7	0.318 0	0.076 3	Cd	0.012 8	1.084 0	0.091 7	Cd	0.005 4	0.051 7	0.023 7

四、特色农产品

由表 5-25 中可看出葛根样品中的元素富集特征：葛根样品对不同重金属的富集程度差异不大，其中富集系数最高的元素为 Cd，富集系数 0.514，其次为 Cu、Zn，富集系数分别为 0.237、0.139，葛根中其余重金属元素的富集系数均非常低。

表 5-25　葛根中重金属富集系数统计表

元素	最小值	最大值	均值	元素	最小值	最大值	均值
As	0.002	0.005	0.003	Zn	0.085	0.293	0.139
Cr	0.002	0.006	0.003	Pb	0.002	0.008	0.004
Ni	0.017	0.066	0.043	Hg	0.037	0.112	0.052
Cu	0.131	0.342	0.237	Cd	0.159	1.009	0.514

第六节　土壤重金属形态关系研究

土壤中重金属通过长期的物理、化学、生物等作用和活化平衡，可转化成生物有效组分。土壤环境中重金属以多种形态存在，形态不同，迁移能力也不同，重金属的活性态迁移是决定重金属生态环境效应的重要因素。

一、土壤重金属形态组成

从生态环境影响来看，依据化学结合的稳定性和生物利用性，将金属形态分为易利用形态、中等利用态和惰性态 3 种。调查区土壤重金属形态地球化学特征见表 5-26。

由表 5-26 可知，元素各形态的平均含量大小及其在全量的分配比例差异较大。总体来看，除 Cd 外，其余 5 种重金属元素的形态均以残渣态为主，其次为腐殖酸结合态。Cd 元素则是离子交换态均值最高，其次为残渣态。

变异系数反映了各样品之间的平均变异程度，从变异系数的大小来看，水溶态除 Hg 较高外，其他元素均小于 1.0；Pb、As 元素离子交换态变异系数较大，尤其是 Pb 变异程度较大，达到了 1.72。不同重金属元素间，各形态的变异系数以 Cd 最大，其变异系数均超过了 0.50；其次是 Pb、Zn、As、Cu、Hg 稍小；对于同一种元素而言，Hg 元素中残渣态和强有机结合态变异系数较大，分别达到了 1.40、1.03，具有较强的空间分异，说明其受外界干扰比较显著。

对于水溶态而言，各元素占全量的比例都很低，其中以 Pb 最低，为全量的 0.24%，各元素由大到小排序为 Hg>Cd>As>Cu>Zn>Pb。离子交换态比例以 Cd(29.585%)最高，其次为 Hg(2.20%)，其他元素均不到全量的 1%，离子交换态中 Cd 元素占全量比例远高于其他元素，是其他元素的 15～77 倍。各元素碳酸盐结合态占全量比例也以 Cd 最高，各元素由大到小排序为 Cd(18.778%)、Pb(4.25%)、Zn(2.45%)、Hg(2.40%)、Cu(2.06%)、As(1.098%)。

表 5-26　钟祥地区土壤重金属形态特征值

形　态		Cu	Pb	Zn	Cd	As	Hg
水溶态	平均值	0.18	0.068	0.23	0.002	0.077	0.93
	标准差	0.13	0.12	0.32	0.001	0.075	0.37
	变异系数	0.72	1.70	1.40	0.777	0.971	0.40
	占全量/%	0.58	0.24	0.29	0.691	0.683	1.71
离子交换态	平均值	0.20	0.17	0.63	0.086	0.042	1.19
	标准差	0.08	0.29	0.42	0.050	0.041	0.45
	变异系数	0.38	1.72	0.66	0.580	0.979	0.38
	占全量/%	0.65	0.58	0.79	29.585	0.387	2.20
碳酸盐结合态	平均值	0.64	1.19	2.24	0.064	0.124	1.27
	标准差	0.28	0.66	2.80	0.046	0.164	0.42
	变异系数	0.43	0.55	1.25	0.717	1.328	0.33
	占全量/%	2.06	4.25	2.45	18.778	1.098	2.40
腐殖酸结合态	平均值	4.94	1.76	3.57	0.031	1.81	7.89
	标准差	1.77	1.39	2.33	0.020	0.93	3.91
	变异系数	0.36	0.79	0.65	0.634	0.51	0.50
	占全量/%	15.36	6.09	4.11	9.772	14.761	12.86
铁锰结合态	平均值	4.97	9.19	9.20	0.042	1.04	1.53
	标准差	1.61	3.20	4.35	0.026	0.61	1.13
	变异系数	0.32	0.35	0.47	0.615	0.59	0.74
	占全量/%	15.32	32.57	10.14	13.00	8.47	2.60
强有机结合态	平均值	0.56	0.31	2.76	0.013	0.08	11.90
	标准差	0.24	0.14	1.14	0.008	0.09	16.62
	变异系数	0.43	0.47	0.41	0.607	1.20	1.40
	占全量/%	1.78	1.08	3.11	4.03	0.60	15.79
残渣态	平均值	18.48	13.19	62.27	0.052	8.32	44.69
	标准差	6.13	2.97	17.31	0.028	3.74	46.03
	变异系数	0.33	0.23	0.28	0.542	0.45	1.03
	占全量/%	56.14	47.79	69.94	17.57	64.31	55.54
全量	平均值	32.63	28.07	89.10	0.31	12.79	76.53

注：Hg 含量单位为 ng/kg；其他为 μg/kg。

各元素腐殖酸结合态占全量比例表现为 Cu 最高,占全量的 15.36%,其次为 As、Hg,分别占 14.76%、12.86%,其他元素均低于 10%。各元素铁锰结合态占全量比例以 Pb 最高,占全量的 32.57%,各元素由大到小排序为 Pb>Cu>Cd>Zn>As>Hg。各元素强有机结合态占全量比例以 Hg 显著偏高,占全量的 15.79%,各元素由大到小排序为 Hg>Cd>Zn>Cu>Pb>As。各元素残渣态占全量比例以 Cd 最小,其次为 Pb,占全量的 47.79%,其他元素均大于 50%,各元素由大到小排序为 Zn(69.94%)、As(64.31%)、Cu(56.14%)、Hg(55.54%)、Pb(47.79%)、Cd(17.57%)。

对土壤中 6 种重金属元素各形态之间的形态分配特征进行了对比(图 5-2)。由图 5-2 可见,土壤中重金属元素对各形态的影响程度不同,其按照生物可利用性,Cu、Pb、Zn、As、Hg 均表现为惰性态受全量控制最为显著,而 Cd 的各形态受全量控制均较为明显,尤其是其易利用态受全量影响最显著。

图 5-2 土壤重金属元素各形态赋存比率图

二、土壤重金属元素形态特征

1. Cu、Pb、Zn 赋存状态

Cu、Pb、Zn 元素各形态含量和比率有所差异,但具有一定的相似性。土壤中 Cu、Pb、Zn 呈易利用态的比例较低,分别为 3.58%、5.48%、3.89%,说明这 3 种元素可被植物直接吸收的能力的强弱顺序依次为 Pb>Zn>Cu。土壤中 Cu、Pb、Zn 主要赋存在强结合的惰性态内。中等结合态中,以 Pb 最高,Cu 元素的腐殖酸结合态和铁锰结合态含量比较相近,分别为 15.36% 和 15.32%;Pb 元素则主要以铁锰结合态(32.57%)为主,高于 Zn、Cu;Zn 元素在残渣态最高,反映出 Zn 的活化可浸出能力比 Cu、Pb 弱。

2. Cd 赋存状态

对于 Cd 元素,无论从形态分配量或者比率上看,Cd 都是与其他重金属元素呈现出完全不同的特征。Cd 是所有元素中唯一易利用态占全量比例大于中等结合态和惰性态的,其中水溶态含量并不高,但是离子交换态和碳酸盐结合态含量较高,分别为 29.585% 和 18.778%。Cd 的中等可利用态占 24.37%,其中腐殖酸结合态和铁锰结合态分别占 9.772% 和 13.00%,基本持平;惰性态占比 23.12%,这种分配比率总体反映了 Cd 的形态构成特点。

3. As 赋存状态

As 元素的易利用态含量在重金属元素中最低,从总量上看,As 主要存在于残渣态、腐殖酸结合态、铁锰结合态内,三者比例分别为 64.31%、14.761% 和 8.47%,但中等结合态占 25.72%,总体表现出 As 是一个惰性强,而一旦环境条件具备,又容易被作物吸收的元素。

4. Hg 赋存状态

从比率上看,Hg 的形态分配在水溶态、离子交换态、碳酸盐结合态、铁锰结合态含量较少,反映出汞的活性特征,即形成活性态的能力或可以水解的能力都很低。Hg 在土壤中的残渣态为 55.54%,次为强有机结合态和腐殖酸结合态,各占 10% 左右,按照生物可利用性分析,其惰性态达 76%,表明惰性态是汞最主要的赋存形态。

土壤的高汞将极大地影响到土地的生态环境,对比发现,土壤 Hg 的生物易利用态比例不高。汞在土壤中的固化形态分配性质,只有在相对特殊环境下才可能对其活性造成影响。

三、土壤重金属元素形态相关性分析

(一)重金属元素形态与全量的关系

土壤重金属形态分布与重金属元素自身特性有关,重金属全量与各形态相关系数的大小能反映土壤重金属负荷水平对重金属形态的影响。各元素全量与形态的相互关系见表 5-27。

表 5-27　土壤重金属元素全量与形态相关系数

形态	Cu	Pb	Zn	Cd	As	Hg
水溶态	−0.037	0.134	−0.164	0.799	0.171	0.215
离子交换态	0.184	0.433	−0.258	0.894	0.159	0.109
碳酸盐结合态	0.122	0.468	0.451	0.896	0.584	0.111
腐殖酸结合态	0.474	0.809	0.399	0.828	0.470	0.631
铁锰结合态	0.614	0.523	0.732	0.726	0.152	0.178
强有机结合态	0.232	0.680	0.530	0.695	0.899	0.821
残渣态	0.848	0.134	0.842	0.799	0.171	0.967

(1) Cu 的铁锰结合态、残渣态与全量呈高度正相关,相关系数均大于 0.6;腐殖酸结合态与全量均呈中等程度正相关,相关系数为 0.474。上述结果表明土壤中 Cu 的负荷水平对残渣态影响最为显著,其他形态对 Cu 的影响较弱。按照生物可利用性,土壤中 Cu 负荷水平对惰性态影响程度最高,其次为中等结合态,易利用态最低。

(2) Pb 的腐殖酸结合态与全量有极强的相关性,相关系数大于 0.8;铁锰结合态、强有机结合态与全量呈强相关,相关系数分别为 0.523、0.680;离子交换态、碳酸盐结合态与全量呈中等正相关,相关系数大于 0.4;水溶态、残渣态与全量相关性不大。上述结果表明土壤中 Pb 的负荷水平对腐殖酸结合态影响最为显著性,其次为铁锰结合态、强有机结合态,其他形态对 Pb 的影响较弱。按照生物可利用性,土壤中 Pb 负荷水平表现为中等结合态影响程度最高,惰性态和易利用态影响程度一致。

(3) Zn 的残渣态与全量之间呈极强相关,相关系数为 0.842;铁锰结合态、强有机结合态与全量呈中等正相关,相关系数介于 0.5～0.7 之间;碳酸盐结合态和腐殖酸结合态与全量呈中等相关,相关系数介于 0.3～0.4 之间;其他形态与全量基本上不相关。上述结果表明土壤中 Zn 的负荷水平对残渣态影响最为显著,对水溶态和离子交换态的影响程度较弱。按照生物可利用性分析,土壤中 Zn 负荷水平表现为对惰性态影响程度最高,其次为中等结合态,再为易利用态。

(4) As 的强有机结合态与全量呈极显著正相关,相关系数为 0.899;碳酸盐结合态和腐殖酸结合态与全量呈中等相关,相关系数均大于 0.4;水溶态、离子交换态、铁锰结合态与全量基本上不相关。上述结果表明土壤中 As 的负荷水平对强有机结合态影响最为显著性,其次为碳酸盐结合态和腐殖酸结合态,其他形态的影响较弱。从生物可利用性来看,土壤中 As 负荷水平仍表现为对惰性态影响程度极高,对易利用态呈中等相关,说明土壤中 As 的活性相对较差。

(5) Hg 的残渣态、强有机结合态与全量相关度呈极显著正相关,相关系数均大于 0.8;腐殖酸结合态与全量呈中强相关,其余各形态受全量的影响较弱。上述结果表明土壤中 Hg 的负荷水平对残渣态的影响最为显著,其次为强有机结合态,对其他各形态的影响较弱。按照生物可利用性,土壤中 Hg 负荷水平仍表现为对惰性态影响程度最高,其次为中等结合态,对易利用态的相关性不大。

(6) Cd 的全量水平对其各态的影响与其他重金属元素不同,与各态相关性均较大,全量与离子交换态、碳酸盐结合态、腐殖酸结合态均为极强正相关,相关系数为 0.894、0.896、0.828;其次为水溶态、铁锰结合态、强有机结合态、残渣态,相关系数分别为 0.799、0.726、0.695、0.799,上述结果表明 Cd 全量水平对 Cd 各形态影响均较大,Cd 有效性随土壤 Cd 全量的增加而增强。由此可见,镉与中等结合态、可利用态相关性较强,表明土壤高镉具有增大生物易利用的特性,土壤高镉存在着较大的生态风险。

(二) 土壤酸碱度对土壤重金属形态的影响

各形态按土壤酸碱度分类统计,获得各形态平均含量统计值,如表 5-28 所示。

对于生物易吸收的易利用态,Cu、Zn、As、Hg 在不同酸碱度环境下,其平均含量变化不大,Pb 在碱性土壤中平均含量略低于中酸性,而 Cd 元素无论在酸性、中性或碱性土壤中,其有效能力均表现为较强,次序为碱性＞中性＞酸性。综上所述,对于重金属元素的易利用态而言,除 Cd 元素外,其他元素易利用态基本上在不同酸碱度环境中含量变化没有明显的差别。

表 5-28 土壤酸碱度与重金属元素形态统计表

元素	形态	酸性 ($n=53$)	中性 ($n=28$)	碱性 ($n=98$)	元素	形态	酸性 ($n=53$)	中性 ($n=28$)	碱性 ($n=98$)
Cu	易利用态	1.09	0.98	0.99	Cd	易利用态	0.119	0.146	0.170
	中等结合态	9.57	10.58	9.90		中等结合态	0.046	0.063	0.089
	惰性态	17.67	16.34	20.55		惰性态	0.042	0.051	0.080
	全量	30.06	30.52	34.03		全量	0.223	0.285	0.37
Pb	易利用态	1.89	1.55	1.14	As	易利用态	0.24	0.23	0.24
	中等结合态	11.90	12.70	9.94		中等结合态	3.23	3.33	2.50
	惰性态	14.40	14.64	12.68		惰性态	8.69	8.54	8.19
	全量	31.13	31.45	25.45		全量	13.59	14.03	12.00
Zn	易利用态	3.74	3.53	2.62	Hg	易利用态	3.41	3.37	3.39
	中等结合态	11.61	13.01	13.33		中等结合态	8.83	9.33	9.75
	惰性态	56.08	58.05	71.86		惰性态	75.09	78.26	40.39
	全量	80.03	83.12	95.70		全量	98.04	99.74	58.26

注：Hg 含量单位为 ng/kg，其余为 mg/kg。

对于中等结合态，Cu、Zn、Cd、Hg 均表现为酸性土壤最低，Pb、As 在中性土壤环境下最高，酸性其次，碱性土壤最低，Zn 元素则与之相反，其在碱性土壤中平均含量最高，酸性土壤中最低。

对于惰性态，Pb、Hg 元素表现为在碱性土壤中含量最低，中性土壤中含量最高；Cu、As 元素在不同酸碱度土壤中含量差别不大，Zn 则表现为在碱性土壤中含量最高，在中酸性土壤中含量相当；Cd 表现为在碱性土壤中最高，在酸性土壤中的含量最低。

上述结果表明，土壤酸碱度对重金属形态影响较大，土壤 pH 值在一定范围内制约着土壤重金属元素的活化，土壤中黏土矿物、水和氧化物的变化，对重金属的吸附能力影响亦不相同，因此适当控制土壤 pH 值，能有效地抑制土壤重金属活性，降低土壤重金属污染风险。

第六章　富硒资源评价

第一节　硒在土壤中的分布特征

硒是人体及动物必需的微量元素,它具有多种重要的生理功能。人体缺硒会造成多种疾病,1982年,中国营养学会将其列入人体必需的微量元素之一,随着社会经济的发展、生活质量的提高,富硒资源的开发利用得到了全国各地的高度重视。为此,项目对钟祥地区富硒土地资源进行了专项调查,从岩石、土壤和农作物中硒地球化学特征入手,在研究富硒土壤分布特征的基础上,分析了富硒土壤生态效应,结合富硒区土壤肥力和环境等级,对富硒土地资源进行了综合评价。

一、富硒土壤分布

对全区采集的18 407件表层土壤样品硒含量进行分类统计(图6-1),可以看出,全区土壤硒含量区间在0.05~10.1mg/kg之间,其中含量小于0.4mg/kg的有16 009件,约占总样本的88%,含量大于0.4mg/kg的样本有2398件,约占12%。

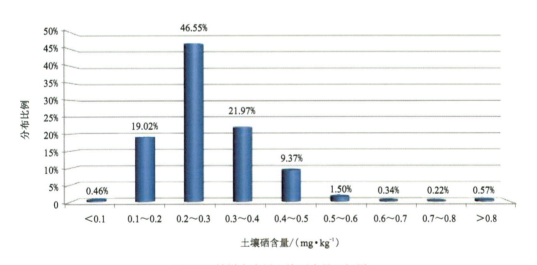

图6-1　钟祥市表层土壤硒含量区间图

硒在钟祥市平均含量为0.28mg/kg,最小含量0.05mg/kg,最大含量10.1mg/kg,略低于汉江流域经济区和全国土壤背景值(A层)。一般含量区间0.2~0.5mg/kg,受土壤类型和成土母质影响明显,硒在沼泽型水稻土中背景值最低,灰潮土和石灰土中含量较高;高背景区与全新世冲积物和湖积物分布形态吻合性较好,在白垩系、志留系硒含量较为贫乏。

在空间分布上,土壤硒高值区呈北西-南东向沿汉江流域两侧贯穿整个钟祥市(图6-2),高值区主要分布于胡集镇、丰乐镇、磷矿镇东部、官庄湖农场、柴湖镇、石牌镇东部、客店镇东北部,低值区主要分布在张集镇、长寿镇北部、洋梓镇东部、东桥镇西南部—罗汉寺种畜场一带。

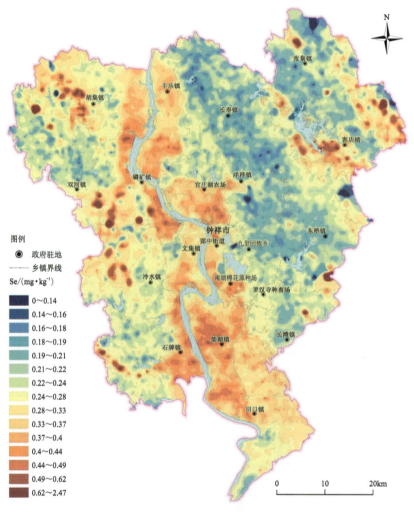

图6-2 钟祥地区土壤硒地球化学图

二、富硒土壤分类

由于硒在原生地质环境中的分布具有不均匀性特征,故在岩石-土壤-生物系统中,地质环境中硒的丰度对土壤硒含量具有决定性作用。图6-3是不同层位土体剖面的硒分布模式图。通过对比不难发现,土壤硒的含量及分布具有极大的相似性,而对不同地层区土壤剖面硒的测量也发现,硒随深度的变化而变化,并趋于在表层土壤富集。

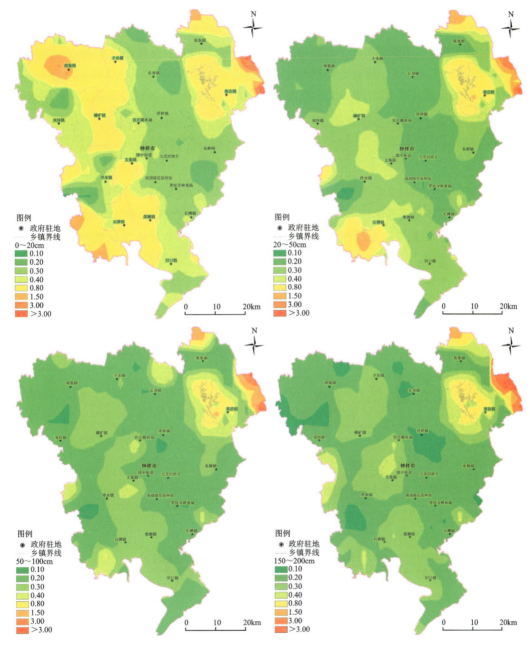

图 6-3　不同层位土壤硒分布图(mg/kg)

由于硒在原生地质环境中的分布具有不均匀性特征,故在岩石—土壤—生物系统中,地质环境中硒的丰度对土壤硒含量具有决定性作用。区内富硒土壤区地质分布差异显著,柴湖—丰乐、石牌—胡集一带富硒土壤主要为第四系覆盖区,出露全新统冲洪积物(Qh^{al})和更新统残坡积物(Qp^{esl}),胡集、冷水西部一带富硒区为二叠系茅口组(P_1m)黑色岩系分布区。

基于富硒土壤与原生地质环境依存关系的地学分类,也能得到地球化学研究的支持,这种由成土母岩(母质)的地球化学特性所形成的硒的表生富集或富硒土壤,可称为天然富硒土壤。依据富硒土壤产出的地质背景,圈出富硒土壤资源67处,可分为表生沉积型、黑色岩系型两种成因类型。

调查共圈出富硒土壤(Se>0.4mg/kg),面积约365.46km²,占全区面积的8.3%。其中,林地富硒区约147.98km²,占全区面积的3.36%;耕地富硒区约217.48km²,占耕地面积的10.65%。富硒土壤主要集中分布于汉江两侧的柴湖、石牌、旧口、磷矿、胡集、丰乐、郢中—洋梓一带(图6-4)。

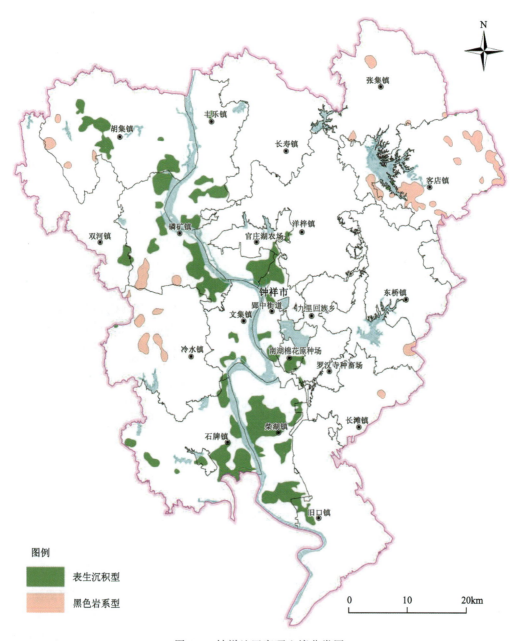

图6-4 钟祥地区富硒土壤分类图

第二节 富硒土壤受控因素分析

一、土壤质地

土壤质地是土壤物理性质之一,指土壤中不同大小直径的矿物颗粒的组合状况。钟祥地区土壤以黏土、壤土类为主,分别对土壤中黏粒(<0.002mm)和砂粒(>0.05mm)含量与土壤总硒做相关分析(图6-5),可见区内土壤黏粒对硒具有较强的吸附作用,土壤黏粒含量与土壤硒含量呈显著正相关关系。

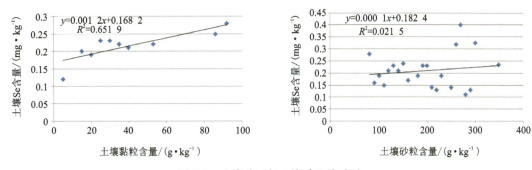

图 6-5 土壤总硒与土壤质地关系图

二、土壤酸碱度

土壤pH被认为是影响土壤硒含量的重要因素之一,它在很大程度上决定了硒存在的化学形态,通过控制土壤元素的活性(生物有效性)进而影响作物中硒的含量。钟祥地区土壤pH值的变化范围较大,最小值为4.10,最大值为9.59,以中性及中性偏碱性的土壤居多,研究发现,耕作方式不同,土壤pH对硒含量的影响有所差异。分析显示,水田中土壤硒与土壤pH值之间呈较弱的正相关关系,二者的相关性并不显著。

如图6-6所示,旱地土壤pH与硒含量呈现显著的正相关关系,区内偏碱性条件下硒活性较强,随着土壤pH值的升高,硒的有效性也相应提高,这是由于在透气性较好的碱性土壤中,难溶性的亚硒酸盐(SeO_3^{2-})被氧化为易溶的硒酸根离子(SeO_4^{2-}),比酸性条件下更容易迁移淋溶;而在中性和酸性土壤中,易被氧化物、黏粒矿物和有机质吸附或络合,SeO_3^{2-}是主要的存在形式。由此可见,土壤对亚硒酸盐的吸附量随土壤pH值的升高而降低,随着体系中OH^-数量的增加,亚硒酸盐的可溶性增强,水溶性硒增加,使得有效硒与土壤pH呈较显著的正相关关系。

三、土壤有机质

土壤有机质(Crog)是土壤中各种含碳有机化合物的总称,包括动植物残体、微生物体和生物残体在不同分解阶段的产物,以及由分解产物合成的腐殖质等,含有刺激植物生长的胡

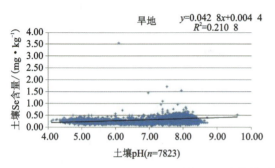
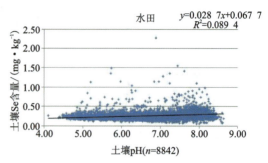

图 6-6　土壤总硒与土地利用关系图

敏酸类等物质,是反映土壤肥力的一个重要指标。对土壤硒而言,土壤有机质对全量硒的影响较为显著,土壤硒含量与有机质呈正相关关系。从图 6-7 中可以看出,不论是土壤有机质每递增 0.01％时对应的土壤硒平均含量还是土壤硒每递增 0.01mg/kg 时对应的有机质平均含量,硒含量和有机质之间显著正相关（P＜0.05）,说明全区土壤中硒的含量与有机质密切相关。

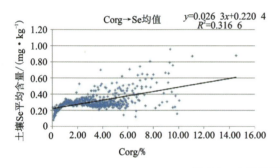
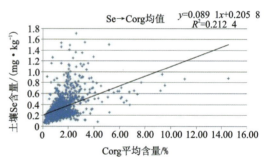

图 6-7　土壤总硒与有机碳关系图

土壤有机质对硒的影响主要在于对硒的吸附与固定作用,有机质含量丰富的土壤对土壤中硒的吸附能力也越强,土壤中的含硒量也相应增加。因此在进行富硒土壤开发时,可通过农田科学管理提高土壤有机质含量,调节土壤硒的有效含量,从而提升农产品硒的生物有效性。

四、土壤有效硒

土壤有效硒一般仅占总硒含量的 4％左右,它在很大程度上决定了作物对硒的吸收。由图 6-8 可以看出,全区土壤总硒与有效硒之间为显著正相关关系,说明土壤总硒的高量也是有效态硒含量的重要因素。

五、土壤硒形态

一般认为水溶态、离子交换态、碳酸盐结合态和腐植酸结合态是土壤硒形态活性较高的部分,也可称为有效部分。为了解土壤富硒与形态之间的关系,全区采集了 179 件表层土壤样品进行了形态分析。由表 6-1 可见,全区水溶态 Se 含量占全量的比例约为 3.10％；在碱性

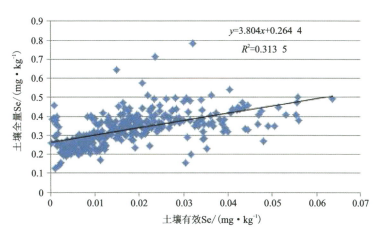

图 6-8　土壤总硒与有效硒关系图

条件下易释放和被植物吸收的离子交换态约占全量的 1.91%；在氧化条件下易释放的腐植酸结合态占全量的 23.53%，比例较高，亦可被作物所吸收和利用。

表 6-1　土壤硒形态参数表

Se 形态	水溶态	离子交换态	碳酸盐结合态	腐殖酸结合态	铁锰结合态	强有机结合态	残渣态
最大值/(mg·kg^{-1})	0.057	0.052	0.057	0.716	0.014	0.879	0.648
最小值/(mg·kg^{-1})	0.001	0.001	0.001	0.013	0.001	0.017	0.014
平均值/(mg·kg^{-1})	0.010	0.008	0.005	0.093	0.004	0.117	0.117
占全量比例/%	3.10	1.91	1.16	23.53	1.22	30.09	33.96

从图 6-9 中可以看出，表层土壤形态样品中具有相对稳定的分布模式，其中，残渣态和强有机结合态是 Se 元素的主要赋存形态，分别约占全量比例的 33.96% 和 30.09%。进一步研究发现，土壤腐殖酸结合态和强有机结合态均与全量硒具有显著的正相关关系，说明腐殖酸结合态和强有机结合态硒是土壤中硒的主要存在形态。

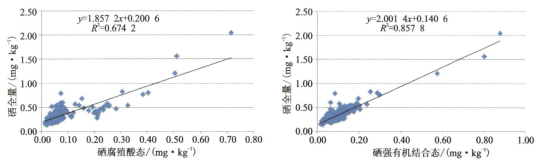

图 6-9　土壤总硒与土壤硒形态关系图

第三节　外源输入对土壤硒含量的影响

一、大气干湿沉降的影响

大气中硒的浓度较低，一般每立方米大气中仅有几毫微克硒。它主要来源于火山爆发时释放、石油和煤的燃烧，其次挥发的硒、动植物、尘土、土壤及沉积物中的微生物等也可释放出挥发硒，还有煤的燃烧可放出大量气态硒进入空气，使周围空气含硒量要高，如在火力发电站附近的空气中硒的水平比一般大气要高。矿物燃料的燃烧所释放的硒，占人为释放总量的60%左右，其次来自金属冶炼以及玻璃、陶瓷制造业的烟气排放。

大气干湿沉降是物质进入土壤的一种重要途径，进入大气中的硒可吸附在气溶胶上，然后通过干湿沉降的方式进入土壤，并可在表层土壤中不同程度地累积。利用全区43个大气沉降监测站点样品分析数据，计算了全区硒的年干沉降通量（表6-2），结果显示钟祥地区大气干湿沉降物中硒的年平均输入量为0.39g/亩，对土壤硒含量累积的贡献率极小。

表6-2　大气干湿沉降物中硒元素含量与通量

参数统计	含量/重量		大气干湿沉降通量（g/亩·年）		
	湿沉降（μg/L）	干沉降（μg）	湿沉降	干沉降	总量
最小值	0.075	0.04	0.01	0.003	0.03
最大值	4.33	12.61	2.36	0.13	2.39
平均值	0.86	1.55	0.35	0.03	0.39
标准差	0.55	2.53	0.25	0.02	0.02
变异系数	0.62	1.64	0.72	0.05	0.06

二、灌溉水的影响

水是地球上硒存在和迁移的主要场所，岩石风化、水土流失、大气降雨及水中生物体腐解等过程是天然水中硒的主要来源。一般河水含硒量为0.5～10μg/L，海水含硒量为4～6μg/L。低硒地区河流中水的含硒量低于0.1μg/L，高硒地区河流中水的含硒量可高达50μg/L。通过对钟祥市全域灌溉水数据的统计，全区灌溉水平均含硒量为0.21μg/L。

根据湖北省2018年水资源公报数据，全省农田灌溉平均用水量为356m³/亩，利用全区178个灌溉水样品分析数据测算得出：灌溉水对耕地土壤硒的年输入量为75.05g/亩，可见灌溉水对土壤硒含量累积的贡献率并不大。

第四节　农作物硒效应分析与评价

一、粮油类农产品富硒评价

全区采集的粮油类农产品样本共796件，其中小麦203件、黄豆77件、玉米162件、稻谷

260件、油菜94件,同点测试了对应根系土元素含量。

(一)硒含量等级

目前国家出台的富硒农产品标准主要是稻米,其他农作物的富硒标准均还未制定完成,而各地的地方标准国内也存在较大的争议。本次参照标准《富硒稻谷》(GB/T 22499—2008)、《食品安全国家标准 预包装食品营养标签通则》(GB 28050—2011)和《富有机硒食品硒含量要求》(DBS 42/002—2014),划分了稻米、小麦(面粉)、玉米、黄豆、花生、油菜籽等粮油类农产品硒含量等级(表6-3)。其中将一级、二级和三级标定为富硒粮油类农产品。

从表6-3中可以发现,粮油类农产品中,黄豆、油菜、小麦面粉中硒含量明显富集,富硒率分别达到96.10%、62.77%、63.05%,而水稻样品硒含量相对较弱,含量三级以上的样品有38件,占水稻样品总数的14.61%。

表6-3 水稻等粮油类农作物硒含量等级统计表

农作物	样本数/件	五级 (<0.04)/ (mg·kg^{-1})	四级 (0.04~0.075)/ (mg·kg^{-1})	三级 (0.075~0.15)/ (mg·kg^{-1})	二级 (0.15~0.20)/ (mg·kg^{-1})	一级 (≥0.20)/ (mg·kg^{-1})	最小值/ (mg·kg^{-1})	最大值/ (mg·kg^{-1})	平均值/ (mg·kg^{-1})	富硒率/%
水稻	260	91	131	31	3	4	0.02	0.44	0.05	14.61
小麦面粉	203	33	42	61	22	45	0.01	0.69	0.13	63.05
玉米	162	75	51	25	5	6	0.005	0.384	0.059	22.22
黄豆	77	0	3	47	17	10	0.05	0.53	0.15	96.10
油菜	94	17	18	12	9	38	0.02	2.44	0.33	62.77
花生	30	23	2	3	0	2	0.005	0.475	0.053	16.67
合计	826	239	247	179	56	105	0.005	2.44	0.11	41.16

图6-10为水稻样品及富硒等级分布图,可见富硒水稻分布具有明显的地域性,汉江沿线地区富硒水稻明显多于其他山地丘陵地区。富硒水稻主要以柴湖—石牌地区、胡集—丰乐—长寿一带、旧口北部—长滩南部一带分布为主,其他地区分布较为零散。其中,石牌镇西部彭墩村—铜桥村一带、胡集镇金山村—赵河村一带富硒水稻分布集中成片,面积较大,具有较好的开发利用价值。

(二)生物富集系数

作物对某一元素吸收富集的能力常用生物富集系数来表示,通过对农作物各部位的分析测试来了解元素在农作物中的活性程度。

生物富集系数=作物体内元素含量/作物根系土壤中元素含量×100%

分别计算油菜、黄豆、花生和玉米、小麦、水稻(以果实计算)的富集系数,结果如表6-4所示。

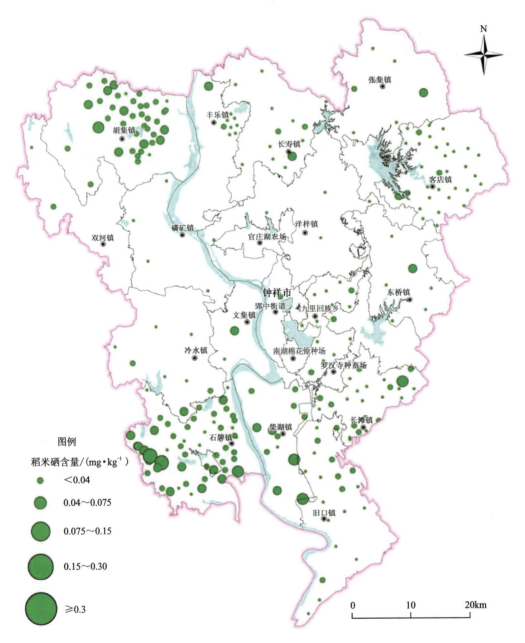

图 6-10 水稻硒含量等级分级图

对全区生物富集系数分析数据统计可见,农作物水稻根系对土壤养分的吸收能力最强,在茎叶、稻米中富集能力逐步降低。其中油菜籽的聚硒能力最强,富集系数均值达 89.44%,其次为黄豆和小麦面粉,富集系数平均值分别为 41.08% 和 41.43%,水稻和玉米富集能力较低,富集系数分别为 17.82% 和 19.73%。

除水稻样品外,其他农产品籽实均存在超富集现象,说明不同农作物品种在特定的生长环境中对硒的聚集能力有相当大的差别。另外,由表 6-3 可知,花生富硒率相对较低,其对应的根系土硒含量普遍偏低，也说明了土壤硒含量是农产品硒吸收重要的影响因素。

表 6-4　粮油类农产品硒富集系数一览表

农作物	样本数/件	根土最大值/(mg·kg⁻¹)	根土最小值/(mg·kg⁻¹)	根土平均值/(mg·kg⁻¹)	根系富集系数平均值/%	茎叶富集系数平均值/%	籽实富集系数（平均值）/%
水稻	260	1.21	0.12	0.31	69.12	24.88	3.46～73.29(17.82)
小麦面粉	203	0.86	0.09	0.32	46.12	21.43	3.22～333.94(41.43)
玉米	162	0.85	0.13	0.31	—	—	1.79～166.97(19.73)
黄豆	77	0.53	0.16	0.38	—	—	16.18～208.55(41.08)
油菜籽	94	1.05	0.18	0.35	—	—	6.95～725.93(89.44)
花生	30	0.43	0.10	0.25	—	—	1.19～249.88(25.40)

（三）土壤—稻米硒的相关分析

对 260 组稻米和根系土进行相关性分析，可以看出稻米中的硒含量与土壤的硒含量间呈现出较好的相关性，随着土壤硒含量的增加，稻米中硒含量表现出增加的趋势。

根据土壤硒含量分布情况，按照含量区间，对土壤—稻米硒含量数据进行均化处理后，分作两组。第一组按每 0.01mg/kg 土壤硒含量区间对水稻硒含量取平均值，共 45 组数据；第二组每 0.10mg/kg 水稻硒含量区间对根系土硒含量取平均值，大致分成 6 对数据。分别对这两组数据土壤与水稻硒含量进行相关分析（图 6-11）。结果表明，钟祥地区稻米中的硒与土壤中的硒呈现出显著的线性正相关，相关系数分别达 0.706($n=45$) 和 0.976($n=6$)。这一结果再次证实了土壤硒的含量水平对农产品硒吸收聚集的贡献程度，说明土壤是农产品硒富集的重要供体。

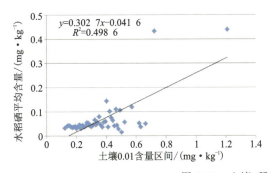 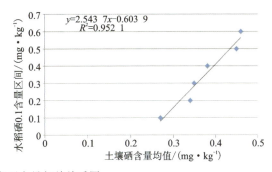

图 6-11　土壤-稻米硒含量相关关系图

二、果蔬类农产品富硒评价

全区采集了果蔬类农作物样品 150 件，其中白菜 44 件、萝卜 15 件、地瓜 10 件、砂梨 51 件、柑橘 30 件，同点测试了对应根系土壤元素含量。

(一)硒含量等级

采用湖北省地方标准《富有机硒食品硒含量要求》(DBS 42/002—2014),结合《江西富硒食品硒含量分类标准》(DB36/T 566—2017)作为本次水果蔬菜类农产品富硒评价标准(表6-5)。满足表6-5富硒含量标准即为富硒水果蔬菜。

表 6-5 水果蔬菜类农产品硒含量等级划分标准值　　单位:mg/kg

项目	极富硒	富硒
叶类、块根类鲜蔬菜(干基),笋类、蕨菜类	≥0.2	≥0.1
食用菌(干基)	≥0.2	≥0.1
鲜果(干基)	≥0.2	≥0.1
鲜坚果	≥0.15	≥0.075

注:鲜蔬菜(干基)、食用菌(干基)执行《富有机硒食品硒含量要求》(DBS 42/002—2014),鲜基全部换算成干基评价。

统计发现,白菜、萝卜富硒率分别是43.19%、18.18%;水果类样品中硒含量则相对较低(表6-6)。

表 6-6 果蔬类农作物硒含量等级统计表

农作物	样本数/件	三级 (<0.10)/ (mg·kg^{-1})	二级 (0.10~0.20)/ (mg·kg^{-1})	一级 (≥0.20)/ (mg·kg^{-1})	最小值/ (mg·kg^{-1})	最大值/ (mg·kg^{-1})	平均值/ (mg·kg^{-1})	富硒率/%
白菜	44	25	5	14	0.019	0.799	0.162	43.19
萝卜	44	36	1	7	0.021	1.084	0.124	18.18
地瓜	10	10	0	0	0.013	0.086	0.042	0
砂梨	51	50	1	0	0.012	0.104	0.027	1.96
柑橘	30	30	0	0	0.004	0.020	0.009	0
合计	197	153	20	24	0.004	1.084	0.087	22.34

(二)生物富集系数

表6-7分别计算了果蔬类农产品的硒富集系数,可以发现:果蔬类农作物的硒富集能力普遍较低,其中砂梨、柑橘的平均富集系数均小于1%,说明离子态硒通过果树根系吸收后,植物内部循环系统(茎—叶—花—果)运转损耗大量的有机硒,果实之中仅能获取到极其微量的硒元素。白菜、萝卜等蔬菜的富集能力则相对较强,平均富集系数分别为2.67%、2.39%。

表 6-7 果蔬类农产品硒富集系数一览表

农作物	样本数/件	根土最大值/(mg·kg^{-1})	根土最小值/(mg·kg^{-1})	根土平均值/(mg·kg^{-1})	果实富集系数(平均值)/%
白菜	44	0.71	0.13	0.30	0.36～24.16(2.67)
萝卜	44	0.43	0.14	0.24	0.42～23.48(2.39)
地瓜	10	0.41	0.14	0.24	0.93～6.74(2.93)
砂梨	51	0.58	0.15	0.29	0.30～2.97(0.98)
柑橘	30	0.64	0.16	0.34	0.16～1.26(0.46)

（三）土壤—稻米硒的相关分析

按照含量区间，分别对 44 组白菜和萝卜与对应根系土硒含量数据进行均化处理后进行相关性分析。两组数据均按每 0.01mg/kg 土壤硒含量区间对白菜和萝卜硒含量取平均值，最终白菜、萝卜大致分成 24 对、19 对数据。分别对这两组数据进行相关分析（图 6-12）。

结果表明，钟祥地区白菜、萝卜中的硒含量与土壤全量相关性不大，土壤硒含量的增长对白菜、萝卜硒的吸收率影响有限，其受表生环境的影响波动较大。建议大宗蔬菜类农产品增施富硒复混肥或进行叶面喷施，促进蔬菜对硒吸收，提高蔬菜的富硒率。

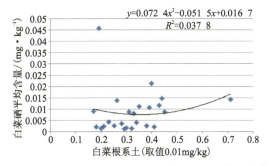
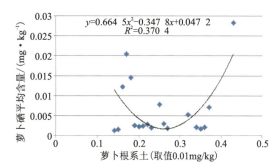

图 6-12 土壤—白菜、萝卜硒含量相关关系图

三、特色农产品富硒评价

"钟祥香菇"是钟祥市传统出口农产品，国家农产品地理标志登记保护农产品，年产干香菇 3.6 万～4.8 万 t，主产于大洪山张集—东桥一带。参照富硒香菇评价标准（表 6-8），香菇中硒含量富集明显，富硒率达到 88.89%。

钟祥葛粉为农产品地理标志产品，主要产于张集、客店两镇的泉水河、刘家畈、云岭寨、南庄、明灯等 41 个村。富含淀粉及黄酮素、铁、锌、钾、硒等 10 多种人体必需的微量元素，有很高的营养价值和很强的保健作用。本次采集了 10 件葛根样品（葛粉原材料）进行分析，结果显示，葛根（干基）中硒含量富集较明显，富硒率 33.33%。富集系数介于 3.67%～31.77% 之间，平均富集系数为 8.41%，可在产地适度扩大种植区，提高葛粉加工工艺，推广钟祥工业经济的这一大特色产业。

表 6-8　特色农产品硒含量等级统计表

农作物	样本数	三级（<0.10）/(mg·kg⁻¹)	二级（0.10~0.20）/(mg·kg⁻¹)	一级（≥0.20）/(mg·kg⁻¹)	最小值/(mg·kg⁻¹)	最大值/(mg·kg⁻¹)	平均值/(mg·kg⁻¹)	富硒率/%	富集系数/%
葛根	10	7	2	1	0.059	0.360	0.110	33.33	3.67~31.77
香菇	18	2	13	3	0.095	0.298	0.148	88.89	—

第五节　天然富硒土地划定与标识

富硒土壤是一种地质资源,更是农业资源,对富硒土壤的资源评价,关键取决于可被人类利用的程度。为适应我国富硒土地的开发与保护,规范硒产品的生产,保证硒产品的质量和保健效果,2019 年 11 月,自然资源部中国地质调查局发布了《天然富硒土地划定与标识(试行)》(DD 2019—10)技术标准,富硒土地依据土壤中硒元素含量和有益有害组分含量,分为一般富硒用地、无公害富硒土地和绿色富硒土地 3 种类型。

富硒土地类型划分指标见表 6-9。当土壤中硒含量未达到表中的富硒标准阈值,镉、汞、砷、铅和铬元素含量符合《土壤环境质量农用地土壤污染风险管控标准(试行)》(GB 15618—2018)标准,但种植的农作物富硒比例大于 70% 时,也可列入富硒土地。

表 6-9　天然富硒土地类型划分标准

类型		土壤类型	pH	土壤硒标准阈值/mg·kg⁻¹	条件
天然富硒土地	绿色富硒土地	中酸性土壤	pH≤7.5	≥0.40	镉、汞、砷、铅和铬重金属元素含量符合标准 GB 15618—2018。农田灌溉水水质和壤肥力同时满足 NY/T 391 要求
		碱性土壤	pH>7.5	≥0.30	
	无公害富硒土地	中酸性土壤	pH≤7.5	≥0.40	镉、汞、砷、铅和铬重金属元素含量符合标准 GB 15618—2018。灌溉水同时满足《无公害农产品种植业产地环境条件》(NY/T 5010—2010)要求
		碱性土壤	pH>7.5	≥0.30	
	一般富硒土地	中酸性土壤	pH≤7.5	≥0.40	镉、汞、砷、铅和铬重金属元素含量符合标准 GB 15618—2018
		碱性土壤	pH>7.5	≥0.30	

根据上述标准,钟祥市可供开发利用的天然富硒土地面积 636.81km²(955 215 亩)。其中,绿色富硒土地面积 317.73km²,主要分布于柴湖镇、丰乐镇、官庄湖农场、胡集镇南部、石牌镇东部;无公害富硒土地面积 316.97km²,主要位于旧口镇、文集镇、磷矿镇东部;一般富硒土地分布在胡集镇、磷矿镇极少数地块,主要因素是部分灌溉水质量不达标。各乡镇天然富硒土地分布面积见表 6-10。

由表可见,全区绿色富硒土地分布最广的为柴湖镇,面积为 73.18km²,无公害富硒土地面积最大的是旧口镇,面积为 113.35km²。

表 6-10 各乡镇天然富硒土地面积统计表

乡镇名称	绿色富硒土地/km²	无公害富硒土地/km²	一般富硒土地/km²	合计/km²
柴湖镇	73.18	39.17	0.19	112.54
东桥镇	0.43	1.10		1.53
丰乐镇	65.39	22.83		88.22
官庄湖农场	17.01	9.99		26.99
胡集镇	34.12	19.41	0.80	54.33
九里回族乡	0.50	1.57		2.07
旧口镇	7.99	113.35		121.35
客店镇	1.80	0.57		2.37
冷水镇	1.76	3.77		5.53
磷矿镇	29.11	20.14	1.12	50.37
罗汉寺种畜场	5.22	1.43		6.66
南湖棉花原种场	2.84	1.83		4.68
石牌镇	44.61	7.08		51.70
双河镇	3.05	0.58		3.62
文集镇	3.61	35.96		39.57
洋梓镇	17.36	20.30		37.66
郢中街道	6.14	15.03		21.17
张集镇	0.16	0.66		0.82
长寿镇	1.08	0.23		1.31
长滩镇	2.36	1.96		4.33
合计	317.73	316.97	2.11	636.81

第六节 富硒资源开发利用

根据钟祥市天然富硒土地分布及土壤肥力、土壤环境质量、农作物富硒及安全性、土地利用等要素,初步圈定富硒产业园建设或富硒农产品生产基地建设规划区。然后结合农业两区农产品种植特色,依托区位优势和地方发展规划,筛选出最适合开发的富硒产业建设建议区15处,其中水稻富硒产业园5处,小麦富硒产业园6处,蔬菜富硒产业园3处以及富硒葛根产业园1处(图6-13)。

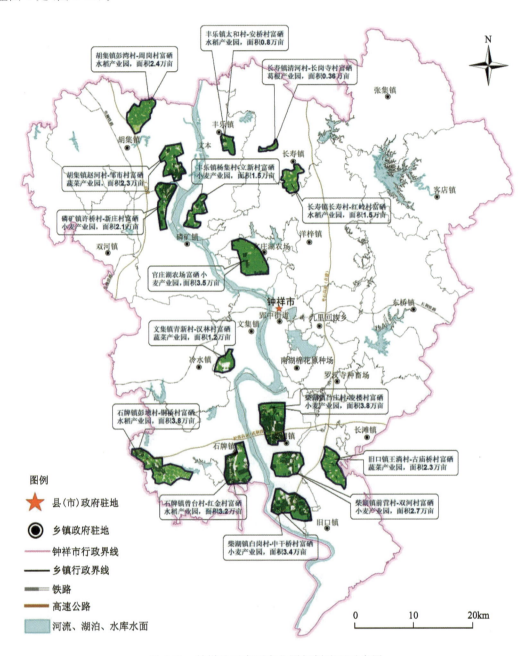

图6-13 钟祥地区富硒产业园规划选区示意图

一、富硒水稻产业园建设建议

本次划定富硒水稻产业规划区5处,规划选区基本情况见表6-11。

表6-11 钟祥地区富硒水稻产业园建设建议一览表

名称	面积/亩	土壤元素含量	农业两区	富硒农产品	农业环境	开发建议
胡集镇彭湾村-周岗村富硒水稻产业园	24 318	Se:0.34mg/kg Corg:25g/kg N:1517mg/kg P:713mg/kg K:17.01g/kg	水稻小麦复种区、水稻油菜复种区	水稻、小麦	大气、灌溉水、土壤环境质量良好,农产品安全	园区位于胡集北端汉江冲积平原,耕地面积广且集中连片,小麦、水稻等种植面积广且富硒。建议尽快开展高标准农田建设
丰乐镇太和村-安桥村富硒水稻产业园	8372	Se:0.37mg/kg Corg:26.3g/kg N:1838mg/kg P:1100mg/kg K:24.35g/kg	水稻油菜复种区、油菜籽保护区	水稻、油菜、黄豆	大气、灌溉水、土壤环境质量良好,农产品安全	本区位于汉江平原区,水稻等农作物均达到富硒标准,耕地面积广且较为连片,已建成高标准基本农田,适宜进行富硒农产品开发
长寿镇长寿村-红岭村富硒水稻产业园	15 905	Se:0.27mg/kg Corg:45.4g/kg N:1617mg/kg P:614mg/kg K:15.35g/kg	小麦水稻复种区、油菜籽保护区	水稻	大气、灌溉水、土壤环境质量良好,农产品安全	本区位于岗地区,水稻样品均达到富硒标准,耕地面积广且较为连片,已建成高标准基本农田,土壤磷、钾稍缺
石牌镇曾台村-红金村富硒水稻产业园	32 862	Se:0.41mg/kg Corg:41.1g/kg N:1617mg/kg P:1043mg/kg K:23.71g/kg	水稻小麦复种区、小麦保护区	小麦、玉米、水稻	大气、灌溉水、土壤环境质量良好,农产品安全	本区位于汉江平原区,水稻等农作物均达到富硒标准,耕地面积广且较为连片,已建成高标准基本农田,适宜进行富硒农产品开发
石牌镇彭墩村-铜桥村富硒水稻产业园	38 573	Se:0.36mg/kg Corg:41.2g/kg N:1437mg/kg P:776mg/kg K:17.0g/kg	水稻小麦复种区、水稻功能区	油菜、黄豆、水稻	大气、灌溉水、土壤环境质量良好,农产品安全	本区位于汉江平原区,水稻等农作物均达到富硒标准,耕地面积广且较为连片,已建成高标准基本农田,适宜开发建设富硒产业园

(一)丰乐镇太和村-安桥村富硒水稻产业园(Ⅰ级)

选区位于丰乐镇太和村—安桥村一带,西临汉江。区内土壤硒平均含量为0.37mg/kg,有机质平均值为26.30g/kg,氮、磷、钾平均含量分别为1838mg/kg、1100mg/kg、24.35g/kg,土壤pH值为8.0。

选区共采集农作物样品4件,其中水稻1件,硒含量为0.04mg/kg;油菜1件,硒含量为1.91mg/kg;黄豆2件,硒平均含量为0.11mg/kg。本区为粮食生产功能区水稻油菜复种区和重要农产品生产保护区油菜籽保护区,其中油菜、黄豆样品均达到富硒标准,富含Zn、Fe、Ca、K等多种微量元素,大气、灌溉水、土壤环境均符合无公害农业产地环境标准,农作物安全性高。

(二)石牌镇彭墩村-铜桥村富硒水稻产业园(Ⅰ级)

选区位于石牌镇彭墩村—铜桥村一带,北临武荆高速公路。区内土壤硒平均含量为0.36mg/kg,有机质平均值为41.21g/kg,氮、磷、钾平均含量分别为1437mg/kg、776mg/kg、17g/kg,土壤pH值为6.82。

选区共采集农作物样品15件,其中9件水稻,硒平均含量为0.17mg/kg;1件油菜,硒含量为0.15mg/kg;5件小麦,硒平均含量为0.18mg/kg。本区为粮食生产功能区水稻小麦复种区和水稻功能区,其中水稻样品均达到富硒标准,富含Cu、Mg、Mn、P等多种微量元素,大气、灌溉水、土壤环境均符合绿色农业产地环境标准,农作物安全性高。

(三)胡集镇彭湾村-周岗村富硒水稻产业园(Ⅱ级)

选区位于胡集镇北部彭湾村—周岗村一带,西临国道G207。区内土壤硒平均含量为0.34mg/kg,有机质平均值为25g/kg,氮、磷、钾平均含量分别为1517mg/kg、713mg/kg、17.01g/kg,土壤pH值为6.68。

选区共采集农作物样品9件,其中水稻5件,硒平均含量为0.06mg/kg;小麦2件,硒平均含量为0.09mg/kg;油菜2件,硒平均含量为0.03mg/kg。本区为粮食生产功能区水稻小麦复种区和水稻油菜复种区,采集的水稻样品均达到富硒标准,富含Mn、P、Mg等多种微量元素,大气、灌溉水、土壤环境均符合无公害农业产地环境标准,农作物安全性高。

(四)长寿镇长寿村-红岭村富硒水稻产业园(Ⅱ级)

选区位于长寿镇长寿村—红岭村一带,东临枣石高速公路。区内土壤硒平均含量为0.27mg/kg,有机质平均值为45.44g/kg,氮、磷、钾平均含量分别为1617mg/kg、614mg/kg、15.35g/kg,土壤pH值为6.15。

选区共采集农作物样品2件,水稻硒平均含量为0.08mg/kg。本区为粮食生产功能区水稻小麦复种区,水稻富含Mg、P、Mn等多种微量元素,大气、灌溉水、土壤环境均符合绿色农业产地环境标准,农作物安全性高。

(五)石牌镇曾台村-红金村富硒水稻产业园(Ⅱ级)

选区位于石牌镇东部,北临武荆高速公路,东靠汉江,地理位置优越。区内土壤硒平均含量为 0.41mg/kg,有机质平均值为 41.13g/kg,氮、磷、钾平均含量分别为 1617mg/kg、1043mg/kg、23.71mg/kg,土壤 pH 值为 7.85。

区内共采集农作物样品 34 件,其中小麦 12 件,硒平均含量为 0.14mg/kg;玉米 6 件,硒平均含量为 0.07mg/kg;水稻 8 件,硒平均含量为 0.07mg/kg;黄豆 5 件,硒平均含量为 0.10mg/kg;油菜 3 件,硒平均含量为 0.24mg/kg。本区主要为小麦保护区和水稻小麦复种区,采集的小麦样品均达到富硒标准,富含 Cu、P、Mn、Mg 等多种微量元素,大气、灌溉水、土壤环境均符合无公害农业产地环境标准,农作物安全性较高。

二、富硒小麦产业园建设建议

初步划定富硒小麦产业园 6 处,选区基本情况见表 6-12。

表 6-12 钟祥地区富硒小产业园建设建议一览表

名称	面积/亩	土壤元素含量	农业两区	富硒农产品	农业环境	开发建议
磷矿镇许桥村-新庄村富硒小麦产业园	21 910	Se:0.44mg/kg Corg:21.5g/kg N:1507mg/kg P:928mg/kg K:24.03g/kg	小麦玉米复种区、玉米功能区	小麦、玉米、花生、白菜	大气、灌溉水、土壤环境质量良好,农产品安全	本区位于汉江平原区,小麦等农作物均达到富硒标准,耕地面积广且较为连片,已建成高标准基本农田,"一高三新"高效种植模式优势产区
丰乐镇杨集村-立新村富硒小麦产业园	15 578	Se:0.38mg/kg Corg:20.8g/kg N:1420mg/kg P:1133mg/kg K:22.04g/kg	小麦玉米复种区、玉米功能区	小麦、玉米、油菜、黄豆	大气、灌溉水、土壤环境质量良好,农产品安全	本区位于汉江平原区,小麦等农作物均达到富硒标准,耕地面积广且较为连片,已建成高标准基本农田,规模化种植优势明显
官庄湖农场富硒小麦产业园	35 575	Se:0.37mg/kg Corg:34.3g/kg N:1407mg/kg P:1015mg/kg K:22.12g/kg	棉花保护区、小麦玉米复种区	小麦、玉米、花生	大气、灌溉水、土壤环境质量良好,农产品安全	本区位于汉江平原区,小麦等农作物均达到富硒标准,耕地面积广且较为连片,已建成高标准基本农田,"一高三新"高效种植模式优势产区

续表 6-12

名称	面积/亩	土壤元素含量	农业两区	富硒农产品	农业环境	开发建议
柴湖镇吕庄村-凌楼村富硒小麦产业园	38 455	Se:0.44mg/kg Corg:34.8g/kg N:1380mg/kg P:896mg/kg K:23.90g/kg	小麦玉米复种区、油菜籽保护区	小麦、玉米、油菜、黄豆、水稻	大气、灌溉水、土壤环境质量良好,农产品安全	本区位于汉江平原区,小麦等农作物均达到富硒标准,耕地面积广且较为连片,已建成高标准基本农田,规模化种植优势明显
柴湖镇前营村-双河村富硒小麦产业园	27 485	Se:0.44mg/kg Corg:34.8g/kg N:1380mg/kg P:896mg/kg K:23.90g/kg	小麦玉米复种区、油菜籽保护区	小麦、玉米、油菜、黄豆、水稻	大气、灌溉水、土壤环境质量良好,农产品安全	本区位于汉江平原区,小麦等农作物均达到富硒标准,耕地面积广且较为连片,已建成高标准基本农田,规模化种植优势明显
柴湖镇白岗村-中干桥村富硒小麦产业园	34 706	Se:0.42mg/kg Corg:38.8g/kg N:1612mg/kg P:837mg/kg K:24.85g/kg	小麦玉米复种区、玉米功能区	小麦、玉米、油菜、黄豆、水稻	大气、灌溉水、土壤环境质量良好,农产品安全	本区位于汉江平原区,小麦等农作物均达到富硒标准,耕地面积广且较为连片,已建成高标准基本农田,适宜开发建设富硒产业园

(一)柴湖镇吕庄村-凌楼村富硒小麦产业园(Ⅰ级)

选区位于柴湖镇北部彭湾村—周岗村一带,沪蓉高速穿过本区,西部 2km 为汉江,地理位置优越。区内土壤硒平均含量为 0.44mg/kg,有机质平均值为 34.84g/kg,氮、磷、钾平均含量分别为 1380mg/kg、896mg/kg、23.90g/kg,土壤 pH 值为 7.92。

选区共采集农作物样品 32 件,其中小麦 16 件,硒平均含量为 0.25mg/kg;油菜 8 件,硒平均含量为 0.76mg/kg;玉米 3 件,硒平均含量为 0.16mg/kg;黄豆 4 件,硒平均含量为 0.23mg/kg;水稻 1 件,硒含量为 0.084mg/kg。本区为粮食生产功能区小麦玉米复种区和油菜籽保护区,采集的小麦样品均达到富硒标准,富含 Cu、Fe、Mn、P、Mg 等多种微量元素,大气、灌溉水、土壤环境均符合无公害农业产地环境标准,农作物安全性高。

(二)官庄湖农场富硒小麦产业园(Ⅰ级)

选区位于官庄湖农场,东临 216 省道,西靠汉江,地理位置优越。区内土壤硒平均含量为 0.37mg/kg,有机质平均值为 34.33g/kg,氮、磷、钾平均含量分别为 1407mg/kg、1015mg/kg、

22.12g/kg,土壤 pH 值为 8.05。

区内共采集农作物样品 4 件,其中小麦 2 件,硒平均含量为 0.21mg/kg;玉米 1 件,硒含量为 0.05mg/kg;花生 1 件,硒含量为 0.14mg/kg。本区主要为棉花保护区,是"一高三新"高效种植模式麦—瓜—棉的主产区,土地经济系数高,采集的小麦样品均达到富硒标准,富含 Cu、Fe、Ca、K 等多种微量元素,大气、灌溉水、土壤环境均符合绿色农业产地环境标准,农作物安全性高。

(三)磷矿镇许桥村–新庄村富硒小麦产业园(Ⅰ级)

选区位于磷矿镇许桥村—新庄村一带,西侧为二广高速,东靠汉江,地理位置优越。区内土壤硒平均含量为 0.44mg/kg,有机质平均值为 21.57g/kg,氮、磷、钾平均含量分别为 1507mg/kg、928mg/kg、24.04g/kg,土壤 pH 为 7.80。

选区共采集农作物样品 6 件,其中小麦 2 件,硒平均含量为 0.17mg/kg;玉米 1 件,硒含量为 0.15mg/kg;水稻 1 件,硒含量为 0.02mg/kg;花生 1 件,硒含量为 0.35mg/kg;白菜 1 件,硒含量为 0.24mg/kg。本区为粮食生产功能区小麦玉米复种区和玉米功能区,采集的小麦样品均达到富硒标准,富含 Cu、Fe、Mn、P、Mg 等多种微量元素,是钟祥市"一高三新"种植模式油—苞—豆的主产区。大气、灌溉水、土壤环境均符合绿色农业产地环境标准,农作物安全性高。

(四)丰乐镇杨集村–立新村富硒小麦产业园(Ⅱ级)

选区位于丰乐镇南部,西靠汉江,地理位置优越。区内土壤硒平均含量为 0.38mg/kg,有机质平均值为20.84g/kg,氮、磷、钾平均含量分别为 1420mg/kg、1133mg/kg、22.04g/kg,土壤 pH 值为 8.09。

区内共采集农作物样品 9 件,其中小麦 1 件,硒含量为 0.15mg/kg;玉米 1 件,硒含量为 0.12mg/kg;油菜 2 件,硒平均含量为 0.05mg/kg;黄豆 5 件,硒含量为 0.17mg/kg。本区为粮食生产功能区小麦玉米复种区和玉米功能区,采集的小麦样品均达到富硒标准,富含 Cu、Fe、Ca、K 等多种微量元素,大气、灌溉水、土壤环境均符合绿色农业产地环境标准,农作物安全性高。

(五)柴湖镇前营村–双河村富硒小麦产业园(Ⅱ级)

选区位于柴湖镇中部,北临武荆高速公路,西靠汉江,地理位置优越。区内土壤硒平均含量为 0.39mg/kg,有机质平均值为 35.58g/kg,氮、磷、钾平均含量分别为 1411mg/kg、799mg/kg、24.69g/kg,土壤 pH 值为 7.93。

区内共采集农作物样品 12 件,其中小麦 3 件,硒平均含量为 0.16mg/kg;玉米 1 件,硒含量为 0.03mg/kg;水稻 2 件,硒平均含量为 0.13mg/kg;油菜 3 件,硒平均含量为 1.41mg/kg;黄豆 3 件,硒平均含量为0.13mg/kg。本区主要为小麦玉米复种区和油菜籽保护区,采集的小麦样品均达到富硒标准,富含 Cu、P、Mn、Mg 等多种微量元素,大气、灌溉水、土壤环境均符合绿色农业产地环境标准,农作物安全性高。

（六）柴湖镇白岗村-中干桥村富硒小麦产业园（Ⅱ级）

选区位于柴湖镇南部,枣石高速横穿本区,西靠汉江,地理位置优越。区内土壤硒平均含量为 0.42mg/kg,有机质平均值为 38.86g/kg,氮、磷、钾平均含量分别为 1612mg/kg、837mg/kg、24.85g/kg,土壤 pH 值为 7.83。

区内共采集农作物样品 20 件,其中小麦 10 件,硒平均含量为 0.24mg/kg;黄豆 2 件,硒平均含量为 0.22mg/kg;水稻 2 件,硒平均含量为 0.12mg/kg;油菜 6 件,硒平均含量为 1.17mg/kg。本区主要为小麦玉米复种区和玉米功能区,采集的小麦样品均达到富硒标准,富含 Cu、P、Mn、Mg 等多种微量元素,少数地块土壤存在重金属超标,农作物无超标。

三、富硒蔬菜及特色产业园建设建议

划定富硒蔬菜产业园 3 处和富硒葛根种植区 1 处,选区基本情况见表 6-13。

表6-13　钟祥地区富硒蔬菜及特色产业园建设建议一览表

名称	面积/亩	土壤元素含量	农业两区	富硒农产品	农业环境	开发建议
胡集镇赵河村-邹市村富硒蔬菜产业园	25 674	Se:0.39mg/kg Corg:21.2g/kg N:1572mg/kg P:1116mg/kg K:23.88g/kg	小麦玉米复种区、玉米功能区	白菜、小麦、玉米、油菜、水稻	大气、灌溉水、土壤环境质量良好,农产品安全	本区位于汉江平原区,小麦等农作物均达到富硒标准,耕地面积广且较为连片,已建成高标准基本农田,"一高三新"高效种植模式优势产区
旧口镇王淌村-古庙村富硒蔬菜产业园	23 567	Se:0.34mg/kg Corg:19.6g/kg N:1287mg/kg P:1121mg/kg K:19.50g/kg	小麦水稻复种区	白菜、小麦、玉米、油菜、黄豆、水稻	大气、灌溉水、土壤环境质量良好,农产品安全	本区位于汉江平原区,小麦等农作物均达到富硒标准,耕地面积广且较为连片,已建成高标准基本农田,土壤有机质稍缺
文集镇青星村-汉林村富硒蔬菜产业园	12 633	Se:0.37mg/kg Corg:33.4g/kg N:1316mg/kg P:830mg/kg K:22.25g/kg	水稻油菜复种区、小麦玉米复种区	白菜、水稻	大气、灌溉水、土壤环境质量良好,农产品安全	本区位于汉江平原区,白菜等农作物均达到富硒标准,耕地面积广且较为连片,已建成高标准基本农田,适宜开发建设富硒产业园

续表6-13

名称	面积（亩）	土壤元素含量	农业两区	富硒农产品	农业环境	开发建议
长寿镇清河村-长岗寺村富硒葛根产业园	3638	Se:0.22mg/kg Corg:41.2g/kg N:1432mg/kg P:466mg/kg K:17.55g/kg	小麦玉米复种区、水稻油菜复种区	葛根	大气、灌溉水、土壤环境质量良好，农产品安全	本区位于长寿镇低岗，耕地面积较广且集中连片，葛根达到富硒标准。建议尽快开展高标准农田建设

（一）胡集镇赵河村-邹市村富硒蔬菜产业园（Ⅰ级）

选区位于胡集中部，西临二广高速，东靠汉江，地理位置优越。区内土壤硒平均含量为0.39mg/kg，有机质平均值为21.26g/kg，氮、磷、钾平均含量分别为1572mg/kg、1116mg/kg、23.88g/kg，土壤pH值为7.94。

区内共采集农作物样品13件，其中小麦2件，硒平均含量为0.11mg/kg；玉米3件，硒平均含量为0.08mg/kg；水稻1件，硒含量为0.12mg/kg；油菜2件，硒平均含量为0.47mg/kg；白菜5件，硒平均含量为0.35mg/kg。本区主要为小麦玉米复种区和玉米功能区，采集的白菜样品均达到富硒标准，是钟祥市"一高三新"种植模式菜—苞—菜的主要产区。大气、灌溉水、土壤环境均符合无公害农业产地环境标准，农作物安全性高。

（二）旧口镇王淌村-古庙村富硒蔬菜产业园（Ⅰ级）

选区位于旧口镇北部，西临枣石高速及省道216，地理位置优越。区内土壤硒平均含量为0.34mg/kg，有机质稍缺，平均值为19.61g/kg，氮、磷、钾平均含量分别为1287mg/kg、1121mg/kg、19.50g/kg，土壤pH值为8.01。

区内共采集农作物样品16件，其中小麦4件，硒平均含量为0.11mg/kg；玉米2件，硒平均含量为0.11mg/kg；水稻1件，硒含量为0.05mg/kg；黄豆3件，硒平均含量为0.14mg/kg；油菜3件，硒平均含量为0.12mg/kg；白菜3件，硒平均含量为0.24mg/kg。农业两区为水稻油菜复种区，采集的白菜等样品均达到富硒标准，大气、灌溉水、土壤环境均符合绿色农业产地环境标准，农作物安全性高。

（三）文集镇青星村-汉林村富硒蔬菜产业园（Ⅱ级）

选区位于文集镇南部，省道311横穿本区，东临汉江，地理位置优越。区内土壤硒平均含量为0.37mg/kg，有机质平均值为33.40g/kg，氮、磷、钾平均含量分别为1316mg/kg、830mg/kg、22.25g/kg，土壤pH值为7.89。

区内共采集农作物样品3件，其中白菜2件，硒平均含量为0.27mg/kg；水稻1件，硒含量为0.04mg/kg。农业两区为水稻油菜复种区和小麦玉米复种区，采集的白菜等样品均达到富硒标准,是"香稻嘉鱼"高效种养模式的主产区。大气、灌溉水、土壤环境均符合绿色农业产地环境标准,农作物安全性高。

(四)长寿镇清河村-长岗寺村富硒葛根产业园(Ⅰ级)

选区位于长寿镇南部,省道218横穿本区,地理位置较好。区内土壤硒平均含量为0.22mg/kg,有机质平均值为41.21g/kg,氮、磷、钾平均含量分别为1432mg/kg、466mg/kg、17.55g/kg,土壤pH值为5.87。

区内共采集葛根样品3件,硒平均含量为0.15mg/kg。划定的农业两区主要为小麦玉米复种区,采集的葛根均达到富硒标准,富含Cu、Ca、K、Mg等多种微量元素,具有发展特色富硒产品的潜力。大气、灌溉水、土壤环境均符合绿色农业产地环境标准,农作物安全性高。

第七章 成果应用与研究

第一节 基于土壤—植物体系中的生物有效性研究

一、土壤养分有效量影响因子解析

土壤有效度研究土壤有效量与全量之间的比率关系,是确定土壤质量、评价土壤—植物生态效应、实施科学平衡施肥以及土壤改良的重要依据(周国华等,2005)。

(一)土壤全量与有效态含量特征

1. 土壤养分有效度分布特征

土壤养分元素对作物的提供能力,一取决于其可溶态亦即有效态的高低,即可直接为作物所吸收的部分,二取决于全量的可持续性。全区822件表层土壤全量和有效量的统计见表7-1。

表7-1 土壤全量及有效态含量特征参数值一览表

元素	全量				有效量					有效度/%
	最小值	最大值	平均值	均方差	有效态	最小值	最大值	平均值	均方差	
N	282	4185	1523	543	碱解氮	13.83	783.09	129.24	57.70	9.01
P	181	7178	860	500	有效磷	0.04	429.70	20.44	31.75	2.38
K	11 858	42 000	24 571	4599	速效钾	25.02	1 164.45	201.98	123.90	0.85
Ca	1454	268 400	17 591	14 514	交换性钙	39.18	12 410	3 448.95	2 212.54	27.68
Mg	4400	111 224	17 739	8154	交换性镁	23.83	2 046.11	451.21	319.53	3.40
Fe	23 000	83 100	56 975	10 031	有效铁	0.20	1 006.00	110.47	155.53	0.21
B	5.13	95.90	56.04	10.24	有效硼	0.03	1.73	0.44	0.22	0.82
Mo	0.35	10.40	1.03	0.69	有效钼	0.02	3.18	0.16	0.15	16.24
Cu	9.42	177.40	31.11	9.37	有效铜	0.03	23.67	3.07	2.20	10.25
Zn	28.10	226.77	84.10	23.06	有效锌	0.01	68.54	2.43	3.61	3.09
Mn	164.02	4 577.80	717.74	265.73	有效锰	0.52	458.71	58.55	59.73	9.68
Se	0.08	3.55	0.31	0.16	有效硒	0.000 2	0.063 6	0.012 7	0.01	4.02

注:含量单位为 mg/kg。

有效度最高者为 Ca 元素,平均有效度达到 27.68%,最低者为 Fe 元素,有效度仅为 0.21%,不同元素的有效度相差十分悬殊,显然,元素的表生地球化学性质是决定其有效度的重要内因。各元素有效度差别较大,说明在区域范围尺度上,即使是单一元素,其形态及有效性也受成土母质、土壤类型、有机质含量、pH 等外界因素影响,产生了较大差异性。

2. 土壤养分活性与成土母质

各成土母质单元有效态平均含量统计可以看出(表 7-2),它们在不同母质土壤分布上的差异如下:

(1)第四系冲积母质:为一套疏松的偏碱性土壤,同其他母质对比,其平均含量最低。同全区平均值对比,13 个指标中,有效硒、有效磷、有效硼、交换性钙位居高量,其中有效硒也是所有母质含量最高的;其他均低于全区平均值,属于显著低含量的为有效铁、有效锰、有效铜和交换性镁。

表 7-2 各母质单元有效态地球化学参数统计表

指标	第四系冲积母质	硅质岩类母质	红砂岩类母质	泥质岩风化母质	酸性岩风化母质	碎屑岩风化母质	碳酸岩盐风化母质
碱解氮	120.57	133.00	124.37	141.65	129.82	161.86	163.59
有效磷	22.97	17.79	13.66	10.23	39.74	25.81	22.07
速效钾	187.39	163.72	221.38	196.21	269.34	260.23	263.08
交换性钙	3651	2411	2723	2250	1985	3776	2777
交换性镁	353.05	473.09	684.27	542.73	396.23	474.78	598.72
有效铁	75.13	95.29	155.40	269.86	96.12	148.00	78.86
有效硼	0.49	0.31	0.32	0.32	0.46	0.45	0.41
有效钼	0.15	0.10	0.12	0.18	0.57	0.09	0.14
有效铜	2.65	1.94	2.75	5.24	3.83	3.12	3.07
有效锌	2.10	2.75	2.17	3.74	5.01	3.33	2.85
CEC	16.98	27.00	21.55	19.00	18.35	22.42	22.92
有效锰	42.34	129.70	104.18	81.37	64.34	46.69	53.58
有效硒	0.014 1	0.004 3	0.006 6	0.007 6	0.010 8	0.008 9	0.013 3

注:CEC(阳离子交换量)单位为 mmoL/kg;其余指标单位为 mg/kg。

(2)硅质岩类母质:从含量曲线上看(图 7-1),有效锌、有效锰和 CEC 含量明显偏高,其中有效锰和 CEC 也是所有母质含量最高的,表现出本母质层在养分蓄供上的某种优势,而其他养分元素含量均低于全区平均值,尤其有效硒相对最低。

(3)红砂岩类母质:主要反映为有效锰、交换性镁、有效铁的含量优势,其中交换性镁相对最高;而有效钼、有效硼、有效硒、有效锌呈低量显示。

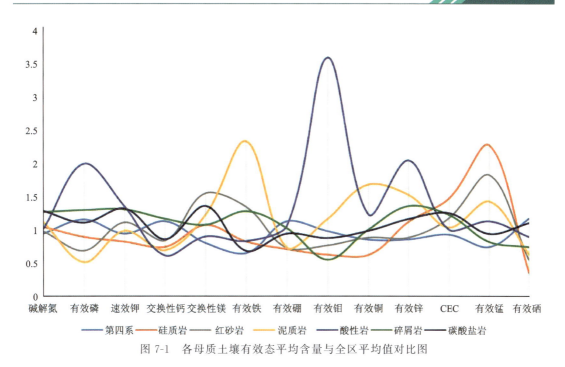

图 7-1 各母质土壤有效态平均含量与全区平均值对比图

（4）泥质岩风化母质：多数养分含量中等，主要为有效铁、有效铜、有效锰、有效锌偏高，其中有效铁、有效铜在所有母质中最高。

（5）酸性岩风化母质：总体含量相对较高，其中，有效磷、速效钾、有效钼、有效锌含量显著高量，在全区最高，表现出活性程度强烈。而交换性钙总量显示为最低量，总体反映出酸性母质层内土壤的活性贫瘠状态。

（6）碎屑岩风化母质：多数养分含量居于中偏高的含量段，其中交换性钙含量在全区内所有母质中最高。

（7）碳酸岩盐风化母质：总体上含量相对均匀，与全区平均含量相差不大。

3. 土壤养分活性与土壤类型

不同类型土壤各自有着独特的理化性质、元素含量和元素分配特征，从而决定土壤元素有效含量和生物有效性，各土壤类型中的养分元素含量统计见表 7-3。

由表 7-3 可见，钟祥地区主要土壤类型为潮土、淹育型水稻土、潴育型水稻土、黄棕壤和棕色石灰土。不同土类各种元素的有效度具有较大的变化，趋势分析如下：

铜、铁、锌、锰有效度依次为潴育型水稻土＞淹育型水稻土＞黄棕壤＞潮土＞棕色石灰土＞灰潮土；

钙有效度依次为黄棕壤＞潴育型水稻土＞淹育型水稻土＞棕色石灰土＞灰潮土＞潮土；
镁有效度依次为淹育型水稻土＞潴育型水稻土＞黄棕壤＞棕色石灰土＞潮土＞灰潮土；
钼有效度依次为潴育型水稻土＞潮土＞淹育型水稻土＞黄棕壤＞灰潮土＞棕色石灰土；
硼有效度依次为潮土＞灰潮土＞潴育型水稻土＞黄棕壤＞淹育型水稻土＞棕色石灰土；
硒有效度依次为棕色石灰土＞灰潮土＞潮土＞淹育型水稻土＞潴育型水稻土＞黄棕壤；

表 7-3 不同类型土壤中元素有效量与有效度统计表

	土壤类型	氮	磷	钾	钙	镁	铁	硼	钼	铜	锌	锰	硒
全量/(mg·kg^{-1})	潮土	1493	931	24 002	18 555	16 226	53 944	52.9	1.07	28.9	79.1	643	0.36
	灰潮土	1332	971	26 312	25 268	22 382	58 664	53.1	1.15	33.1	94.5	803	0.36
	黄棕壤	1593	787	23 718	12 070	14 826	57 587	58.1	0.97	31.1	79.3	674	0.29
	淹育型水稻土	1623	794	22 943	12 329	13 817	55 253	59.0	0.97	29.4	75.6	647	0.28
	潴育型水稻土	1673	772	23 018	11 803	14 311	54 728	57.0	0.87	28.8	76.3	644	0.27
	棕色石灰土	2157	877	29 938	25 611	26 519	63 168	58.5	1.57	32.5	87.5	914	0.30
有效量/(mg·kg^{-1})	潮土	118	17	188	2121	239	100	0.35	0.19	3.33	1.51	31	0.012
	灰潮土	119	22	168	4569	257	26	0.50	0.16	2.23	1.57	23	0.019
	黄棕壤	134	17	232	2400	536	171	0.33	0.15	3.55	3.11	78	0.008
	淹育型水稻土	136	19	212	2867	597	159	0.41	0.15	3.56	2.77	81	0.010
	潴育型水稻土	135	21	225	2850	603	181	0.43	0.17	3.78	3.19	91	0.009
	棕色石灰土	158	20	279	2659	599	39	0.44	0.15	2.67	2.83	35	0.016
有效度/%	潮土	7.85	1.60	0.76	19.24	1.72	0.17	0.39	18.4	10.9	1.81	5.5	3.51
	灰潮土	9.19	2.17	0.63	19.78	1.18	0.05	0.31	14.1	6.89	1.64	2.9	5.14
	黄棕壤	9.02	2.54	1.02	36.09	4.37	0.31	0.28	15.8	11.6	3.89	12.9	2.87
	淹育型水稻土	9.17	2.37	0.95	32.19	5.53	0.32	0.26	17.4	12.4	3.92	14.2	3.42
	潴育型水稻土	8.70	2.67	1.01	32.72	4.90	0.35	0.30	19.4	13.3	4.39	15.9	3.26
	棕色石灰土	7.93	2.29	1.03	20.71	2.98	0.07	0.24	11.6	8.73	3.37	3.83	5.38

氮有效度依次为灰潮土＞淹育型水稻土＞黄棕壤＞潴育型水稻土＞棕色石灰土＞潮土；
磷有效度依次为潴育型水稻土＞黄棕壤＞淹育型水稻土＞棕色石灰土＞灰潮土＞潮土；
钾有效度依次为棕色石灰土＞黄棕壤＞潴育型水稻土＞淹育型水稻土＞潮土＞灰潮土。

不同土壤类型间元素有效度的这种差异性，反映了土壤有机质、pH 值对土壤元素地球化学行为的规律性作用。

(1) 黄棕壤和水稻土相对富含有机质，呈中酸性，从而使 Cu、Zn、Mn、Fe、Ca、Mg、Mo 等元素具有较高的有效度；而潮土、石灰土偏碱性，有机质含量低，基本上多数元素有效度偏低，说明了土壤成因和性质的不同决定了元素有效度的差异。

(2) 水稻土由于淹水灌溉常处于还原状态，硼和铁的有效度相对较低。

(3) 碱性条件下的潮土类硒元素有效度较高，明显大于其他土类。

4. 土壤养分活性与土地利用

按照不同土地利用单元统计各指标有效度(表 7-4)，可以发现它们在不同土地利用单元的分布差异。

表 7-4　各土地利用单元有效度统计表　　　　单位：%

指标	旱地	水田	水浇地	果园	乔木林地	其他林地
碱解氮	9.21	8.78	8.01	13.18	9.17	7.67
有效磷	2.19	2.42	1.94	8.61	4.17	1.09
速效钾	0.75	0.93	0.76	1.35	1.30	0.67
交换性钙	25.03	30.27	23.59	18.45	45.66	33.72
交换性镁	2.22	4.77	1.89	3.29	4.11	3.15
有效铁	0.08	0.37	0.07	0.11	0.06	0.21
有效硼	0.31	0.28	0.40	0.21	0.12	0.26
有效钼	14.34	18.66	19.51	14.10	8.80	15.24
有效铜	6.79	14.39	7.67	10.62	4.80	10.47
有效锌	1.95	4.23	0.92	8.56	3.90	3.24
有效锰	5.54	14.65	2.44	11.27	8.40	8.57
有效硒	4.35	3.66	6.11	3.98	4.75	2.68

铁有效度依次为水田＞其他林地＞果园＞旱地＞水浇地＞乔木林地；
铜有效度依次为水田＞果园＞其他林地＞水浇地＞旱地＞乔木林地；
锌有效度依次为果园＞水田＞乔木林地＞其他林地＞旱地＞水浇地；
锰有效度依次为水田＞果园＞其他林地＞乔木林地＞旱地＞水浇地；
钙有效度依次为乔木林地＞其他林地＞水田＞旱地＞水浇地＞果园；
镁有效度依次为水田＞乔木林地＞果园＞其他林地＞旱地＞水浇地；
钼有效度依次为水浇地＞水田＞其他林地＞旱地＞果园＞乔木林地；
硼有效度依次为水浇地＞旱地＞水田＞其他林地＞果园＞乔木林地；
硒有效度依次为水浇地＞乔木林地＞旱地＞果园＞水田＞其他林地；

氮有效度依次为果园＞旱地＞乔木林地＞水田＞水浇地＞其他林地；
磷有效度依次为果园＞乔木林地＞水田＞旱地＞水浇地＞其他林地；
钾有效度依次为果园＞乔木林地＞水田＞水浇地＞旱地＞其他林地。

由表 7-4 可见，水田中土壤 Fe、Cu、Mn、Mg 元素有效度比例明显偏高，而果园中土壤 N、P、K、Zn 等元素有效度较高，水浇地的 Mo、B、Se 等元素有效活性较强。

（二）土壤元素有效量与全量的相关性

土壤有效态与全量的相关性受元素本身和土壤类型约束，通过对土壤有效量与全量进行相关分析，各相关系数分别为 N(0.382)、P(0362)、K(0.078)、Ca(0.241)、Mg(−0.314)、Fe(−0.237)、B(−0.044)、Mo(0.547)、Cu(0.170)、Zn(0.075)、Mn(−0.037)、Se(0.279)。可以看到，N、P、Ca、Mo、Se 元素有效量总体上受总量的明显影响，因此，土壤元素全量对于农业施肥、环境质量和生态效应评价具有较为直接的参考应用价值。

上述统计结果，表明区内土体内养分指标活性量与全量间关系复杂。按照拟合程度，土壤中 N、P、Ca、Mo、Se 少数元素可以较好地由全量表征土壤养分的活性；K、Cu、Zn 元素基本可以由全量反映其有效性；而其余元素都不可用全量来真实地反映区内土壤内的有效态量。通过比较可以明显发现，对于土壤中的大量元素，元素全量的高低对有效量的高低具有比较明显的控制作用；相比之下微量元素全量的高低对元素有效量高低的控制作用则相对较弱。

（三）土壤理化指标对养分有效性的影响分析

大量研究表明，有效量不仅取决于该元素的全量，也取决于土壤的理化性质。土壤元素赋存形态及其生物有效性除了元素自身的表生地球化学性质外，还与土壤有机质含量、酸碱度(pH 值)、矿物组成(矿物种类、晶格结构)、机械粒级组成(砂粒和黏粒含量、阳离子交换量 CEC)、氧化还原电位(Eh)、微生物组成及含量、元素及有机物含量、含水量等各种土壤理化条件有关。本次将全区土壤有效态测试数据与影响其活性变化的因子进行相关性统计，分析决定土壤元素存在形态的主要因素。

1. 土壤有机质与有效态的相关分析

由表 7-5 可见，碱解氮、速效钾、交换性镁、有效铁、有效铜、有效锰、CEC 与有机质呈现较好的线性关系，在含量变化上中等相关，说明多数元素受土壤有机质含量的控制，显示长期耕作状态下，有机质的积累是 Fe、Cu、Mn 等元素生物有效量提高的主要因素。有机碳与交换性钙、有效锌等呈弱相关关系，其有效量在一定程度上受有机质含量的影响；与其他元素有效量的相关性不大。

土壤中有机碳(有机质)的富集，促进了矿质养分有效化，通过对全区土壤有机质含量高低分三段进行统计(表 7-6)，以其增量来分析诸养分有效态的增加量，可以发现：

表7-5 土壤有效态与有机碳相关系数表

对　象	相关系数	对　象	相关系数
碱解氮	0.331	有效钼	0.072
有效磷	0.016	有效铜	0.326
速效钾	0.235	有效锌	0.121
交换性钙	0.142	有效锰	0.248
交换性镁	0.248	有效硒	0.006
有效铁	0.249	CEC	0.346
有效硼	−0.025		

表7-6 土壤有机质增加对土壤有效度的影响

酸碱度	项目	样本数/件	碱解氮	有效磷	速效钾	交换性钙	交换性镁	有效铁	有效硼
酸性土 pH<6.5	Corg≥2%	108	7.33%	2.17%	1.02%	40.51%	5.87%	0.48%	0.63%
	1%<Corg<2%	131	9.91%	2.85%	1.03%	40.72%	6.47%	0.43%	0.58%
	Corg≤1%	21	12.85%	2.55%	0.77%	38.47%	4.69%	0.19%	0.50%
	全区均值	260	9.08%	2.54%	1.00%	40.45%	6.08%	0.43%	0.59%
中性土 6.5~7.5	Corg≥2%	52	8.12%	2.61%	1.13%	35.48%	4.57%	0.30%	0.76%
	1%<Corg<2%	52	9.64%	3.23%	0.99%	33.56%	5.15%	0.29%	0.83%
	Corg≤1%	18	11.78%	2.18%	0.75%	29.16%	5.12%	0.22%	0.67%
	全区均值	122	9.31%	2.81%	1.02%	33.73%	4.90%	0.28%	0.78%
碱性土 pH>7.5	Corg≥2%	127	8.03%	2.29%	0.81%	26.52%	1.84%	0.05%	0.82%
	1%<Corg<2%	206	8.67%	2.16%	0.75%	17.26%	1.35%	0.06%	1.07%
	Corg≤1%	107	10.38%	2.01%	0.50%	11.18%	0.99%	0.06%	0.94%
	全区均值	440	8.89%	2.16%	0.71%	18.45%	1.41%	0.06%	0.97%
酸碱度	项目	样本	有效钼	有效铜	有效锌	有效锰	有效硒	CEC	
酸性土 pH<6.5	Corg≥2%	108	18.58%	15.77%	5.02%	21.74%	2.67%	21.35	
	1%<Corg<2%	131	19.00%	13.35%	4.66%	17.87%	2.45%	20.64	
	Corg≤1%	21	15.95%	7.21%	3.25%	12.05%	2.80%	20.99	
	全区均值	260	18.58%	13.86%	4.70%	19.01%	2.57%	20.97	
中性土 6.5~7.5	Corg≥2%	52	18.43%	13.37%	4.67%	16.40%	3.57%	22.69	
	1%<Corg<2%	52	19.69%	12.86%	6.52%	13.82%	3.85%	23.11	
	Corg≤1%	18	19.87%	10.38%	4.61%	10.91%	3.43%	17.76	
	全区均值	122	19.18%	12.71%	5.45%	14.49%	3.67%	22.14	

续表 7-6

酸碱度	项目	样本数/件	碱解氮	有效磷	速效钾	交换性钙	交换性镁	有效铁	有效硼
碱性土 pH>7.5	Corg≥2%	127	12.88%	7.31%	1.20%	3.03%	4.94%	21.58	
	1%<Corg<2%	206	14.34%	7.44%	1.52%	2.89%	5.07%	16.87	
	Corg≤1%	107	14.88%	7.61%	1.78%	2.55%	4.80%	11.96	
	全区均值	440	14.05%	7.44%	1.49%	2.84%	4.97%	17.04	

注：CEC 单位为 cmol/kg。

(1) 在酸性土壤中，随着有机质含量的增加，土壤中有效铁、有效硼、有效铜、有效锌、有效锰、CEC 明显增加，其中，当土壤有机质含量增加 1% 时，铜、锰的有效度均提高了 10% 以上。

(2) 中性土壤中，随着有机质含量的增加，有效铜、有效锰、速效钾、交换性钙、有效态呈缓慢增加的趋势；而有效钼和碱解氮随有机质含量增加，有效态含量缓慢下降，特色是碱解氮，当土壤有机质含量增加 1% 时，氮的有效度则提高了 10% 以上。

(3) 碱性土壤中，随着有机质的增加，土壤有效铜、碱解氮、有效钼、有效硒、有效锌呈缓慢下降的趋势。而有效锰、有效磷、速效钾、交换性钙镁有效度和 CEC 随着有机质的增加均呈升高的趋势，其中交换性镁增加了约 58%，CEC 增加了约 45%，有效锰、交换性钙、增加了 20% 以上。以上结果总的表明，增加土壤有机质，是增加土壤养分有效量，提高土壤肥力的重要途径。

2. 土壤阳离子交换量与元素有效量的相关性

阳离子交换量作为一种保肥能力指标必然与养分指标发生联系，阳离子交换量大的土壤，其吸肥、保肥和供肥能力越强。以 CEC 与元素有效态的相关关系来解析其受控个因素，分析统计结果列于表 7-7。可以看出，碱解氮、速效钾、交换性钙镁、有效锰与 CEC 呈中强正相关，揭示了阳离子交换量对养分的保持能力，表现出活动性阳离子储存对土壤胶体普遍存在的依赖特性；有效钼、有效铜、有效锌与 CEC 呈弱相关关系，有效硒与 CEC 相关度为负相关，与其他元素有效态的相关性不大。

表 7-7 阳离子交换量(CEC)与土壤养分有效态相关性特征表

目标变量	因变量	相关系数	目标变量	因变量	相关系数
碱解氮	CEC	0.281	有效钼	CEC	0.114
有效磷	CEC	0.029	有效铜	CEC	0.143
速效钾	CEC	0.461	有效锌	CEC	0.106
交换性钙	CEC	0.245	有效锰	CEC	0.345
交换性镁	CEC	0.584	有效硒	CEC	−0.145
有效铁	CEC	0.096	pH	CEC	−0.264
有效硼	CEC	0.031			

一般认为,CEC>20cmol/kg 为保肥力高的土壤;CEC 在 10~20cmol/kg 之间为保肥力中等的土壤;CEC<10cmol/kg 为保肥力弱的土壤。表 7-8 列出了 CEC 在不同含量之间的变化状况,通过与元素有效量的对比,可以发现:有效态元素中,除有效硒外,其余元素有效量在 CEC>20cmol/kg 时含量显著提高,特别是速效钾、交换性钙镁、有效铁元素,分别是 CEC≤10cmol/kg 时元素含量的 2.82 倍、2.31 倍、5.03 倍和 5.29 倍;而有效硒则是在 CEC10~20cmol/kg 之间时含量最高。总体上说明,CEC 含量的变化对元素有效量影响较大,但有效钼、有效硒元素的有效量受 CEC 的影响较小,显示其受多重变量因素的约束。

表 7-8 不同 CEC 含量与土壤有效量变化

项目	样本数/件	碱解氮	有效磷	速效钾	交换性钙	交换性镁	有效铁	有效硼
≥20cmol/kg	369	141	20.99	251	3801	639	115	0.44
10~20cmol/kg	367	129	19.89	179	3518	338	127	0.43
≤10cmol/kg	96	81.50	20.43	88.85	1644	127	21.71	0.42
全区平均值	822	128	20.44	202	3449	451	110	0.44
项目	样本	有效钼	有效铜	有效锌	有效锰	有效硒	CEC	
≥20cmol/kg	369	0.17	3.22	2.69	77.77	0.011	25.14	
10~20cmol/kg	367	0.16	3.21	2.43	49.46	0.014	15.59	
≤10cmol/kg	96	0.11	1.76	1.35	14.92	0.013	7.58	
全区平均值	822	0.16	3.07	2.43	58.55	0.013	19.03	

注:含量单位为 mg/kg;CEC 单位为 cmol/kg。

3. 土壤酸碱度与土壤有效态的相关性

通过对比不同 pH 环境下土壤有效度的变化,显示土壤酸碱度对土壤养分活性有着明显影响。从全区分析数据来看,土壤 pH 与少数元素有效度具有较好的相关关系,其中有效硼、有效硒元素与 pH 之间呈中强的正相关;交换性钙镁、有效铁、有效铜、有效锰等元素有效度与 pH 之间呈较强的负相关。通过分别计算酸性、碱性环境中的土壤有效度相关系数(表 7-9),本次所得结果如下:

表 7-9 土壤酸碱度与土壤养分有效度相关特性汇总表

目标变量	约束条件	样数	相关系数	目标变量	约束条件	样数	相关系数
碱解氮	pH≥6.5	562	−0.036	有效钼	pH≥6.5	562	−0.308
	pH<6.5	260	−0.08		pH<6.5	260	0.069
	全区	822	−0.032		全区	822	−0.262
有效磷	pH≥6.5	562	−0.108	有效铜	pH≥6.5	562	−0.353
	pH<6.5	260	−0.149		pH<6.5	260	0.261
	全区	822	−0.089		全区	822	−0.357

续表 7-9

目标变量	约束条件	样数	相关系数	目标变量	约束条件	样数	相关系数
速效钾	pH≥6.5	562	−0.234	有效锌	pH≥6.5	562	−0.391
	pH<6.5	260	−0.048		pH<6.5	260	0.125
	全区	822	−0.251		全区	822	−0.360
交换性钙	pH≥6.5	562	−0.492	有效锰	pH≥6.5	562	−0.627
	pH<6.5	260	−0.109		pH<6.5	260	0.093
	全区	822	−0.575		全区	822	−0.632
交换性镁	pH≥6.5	562	−0.656	有效硒	pH≥6.5	562	−0.145
	pH<6.5	260	0.140		pH<6.5	260	0.143
	全区	822	−0.582		全区	822	0.374
有效铁	pH≥6.5	562	−0.476	CEC	pH≥6.5	562	−0.335
	pH<6.5	260	0.113		pH<6.5	260	0.12
	全区	822	−0.488		全区	822	−0.264
有效硼	pH≥6.5	562	0.166				
	pH<6.5	260	0.158				
	全区	822	0.347				

（1）土壤酸碱度对土壤养分活性普遍产生影响，但影响程度具有较大的差别，其中影响较大的为 B、Ca、Mg、Fe、Se、Mn、Zn 等养分元素，这些元素有效度表现出与 pH 值相关程度较高；K、Mo 等养分元素的影响较弱，其他元素只表现出一定程度上的影响。

（2）依于养分元素的特性，在酸碱度作用下，有效度出现不同的变化形式。例如 Cu、Mn、Zn、Fe、Mg 等元素在碱性环境下，均表现为负相关关系，即土壤碱性升高，而其活性度降低；相反，在中酸性土壤中呈正相关，即土壤酸度增加，养分活性度升高，这一事实表明，酸碱度对养分活性的影响是有一个尺度的，只有在土壤酸碱度适宜的范围内，土壤养分活性度才能达到最为充足状态。

综上分析可认为，土壤主量元素有效量的高低主要受控于元素全量和土壤的理化性质，而对于土壤微量元素有效量的高低则主要受控于土壤的理化性质。

二、农作物生物有效性迁移富集规律

通过前期调查工作，共采集各类农作物果实样本 1109 件（包含根茎叶），农作物以小麦、玉米、水稻、黄豆、油菜为主，兼有蔬菜、水果和葛根等特色农产品。通过对农作物各部位的分析测试了解元素在农作物中的活性程度，计算公式为

$$生物富集系数 = C_b 生物中的元素浓度 / C_c 根系土中的元素浓度$$

（一）粮油类农产品

1. 水稻

全区共采集 260 件水稻以及 112 件根茎叶样品，测试分析了农作物养分元素，它们在不同的土壤环境和不同的生长周期中，水稻对矿物质养分吸收或对矿物质的累积，存在着不同的生态效应。

（1）按生物富集系数排列，Se、Co、Fe、Ca、S 均显示在根部蓄积最高，茎叶其次，稻谷中最低，而 Mo、K、Mg 元素生物富集系数均在茎叶中最高。

（2）从表 7-10 可以看出，水稻中 P、S 的吸收能力超强，生物富集系数高达几倍，其中 P 在水稻的根、茎叶及籽实中的生物富集系数呈上升的趋势，反映了磷是一切生物所必需的营养元素，在农作物生长的各个时期分别参与了根系的滋生、干物质积累以及茎叶中贮藏的碳水化合物向籽粒中运转集中等过程，是作物生长最主要的元素；S 能促进氮的吸收，对呼吸有重要作用，其表现在根系中超聚集的能力。

表 7-10　水稻不同部位营养元素富集系数统计表

样品类型		根	茎叶	大米
样品数/件		56	56	260
Se	数值区间	0.316~2.206	0.084~0.541	0.035~1.041
	平均值	0.706	0.254	0.181
Co	数值区间	0.042~1.594	0.007~0.092	0.000 2~0.006
	平均值	0.339	0.021	0.001
Mo	数值区间	0.072~5.752	0.057~4.996	0.104~3.672
	平均值	0.860	1.000	0.825
Mn	数值区间	0.100~1.484	0.088~2.181	0.011~0.139
	平均值	0.556	0.668	0.039
Fe	数值区间	0.059~0.785	0.001 2~0.032 1	0.000 1~0.000 9
	平均值	0.316	0.004 4	0.000 2
Ca	数值区间	0.084~0.824	0.058~0.511	0.002~0.043
	平均值	0.299	0.208	0.012
K	数值区间	0.064~0.627	0.634~1.801	0.040~0.256
	平均值	0.217	1.130	0.105
Mg	数值区间	0.034~0.242	0.063~0.349	0.019~0.262
	平均值	0.094	0.141	0.079

续表 7-10

样品类型		根	茎叶	大米
P	数值区间	0.549～3.202	0.794～5.118	0.492～15.294
	平均值	1.265	2.598	3.605
S	数值区间	2.537～39.574	1.424～16.908	0.813～13.170
	平均值	7.720	4.764	4.208

（3）按照各元素的生物富集尺度，水稻整个生长过程中不同元素的富集程度存在一定的差异，其排列顺序为：

根系——S＞P＞Mo＞Se＞Mn＞Co＞Fe＞Ca＞K＞Mg；

茎叶——S＞P＞K＞Mo＞Mn＞Se＞Ca＞Mg＞Co＞Fe；

稻米——S＞P＞Mo＞Se＞K＞Mg＞Mn＞Ca＞Co＞Fe。

2. 小麦

小麦面粉平均含量结果及生物富集系数列于表 7-11，可见小麦对养分的吸收明显高于水稻，其需求指标亦十分明显。

表 7-11 小麦面粉营养元素富集系数统计表

养分指标	小麦面粉				土壤全量平均值
	最小值	最大值	平均值	富集系数	
Se	0.012	0.686	0.120	0.384	0.315
Co	0.003	0.218	0.018	0.001	16.342
Mo	0.085	1.050	0.370	0.285	1.088
Mn	3.000	94.480	20.975	0.029	728
Fe	9.045	92.430	29.603	0.000 5	57 189
P	0.080	0.498	0.212	2.724	0.087
S	0.090	0.188	0.137	6.515	0.024
Ca	0.010	0.110	0.030	0.026	1.962
K	0.100	0.612	0.288	0.115	2.541
Mg	0.064	0.014	0.176	0.038	1.878

注：Se～Fe 含量单位为 mg/kg，P～Mg 为％。

（1）小麦面粉中的 S、P 生物富集系数高达 2～6 倍，反映了小麦生长过程中需要吸取大量的 S、P 养分，表明其对作物的代谢过程有重要影响。

（2）小麦面粉中的 Se、Mo 生物富集系数均达到 0.2 以上，反映了小麦对其较高的富集能力，其中，Se 的富集系数达 0.384，土壤全量的均值为 0.315mg/kg，说明小麦在土壤硒适中的环境下依然有充分聚集养分的能力。

（3）按照各养分元素的生物富集度,小麦整个生长过程对养分的蓄积能力依次为:S＞P＞Se＞Mo＞K＞Mg＞Mn＞Ca＞Co＞Fe。

3. 玉米

对全区采集的162件玉米籽实样品进行分析,由生物富集系数计算可看出(表7-12),玉米对不同元素的富集程度差异很大。

表7-12 玉米营养元素富集系数统计表

养分指标	最小值	最大值	平均值	养分指标	最小值	最大值	平均值
Se	0.012	1.525	0.195	Ca	0.002	0.205	0.020
Co	0.000 2	0.003 0	0.000 8	K	0.110	0.371	0.182
Mo	0.010	1.663	0.554	Mg	0.034	0.191	0.071
Mn	0.003	0.041	0.010	P	0.610	17.693	4.066
Fe	0.000 1	0.000 6	0.000 3	S	1.286	19.959	6.159

其中P、S元素的富集系数远远大于其他元素,反映了玉米生长过程中对P、S元素的大量吸收作用。同时,K、Mo、Se在玉米中也具有较强的富集特征,其富集系数介于19％～55％之间,其余元素的富集系数则偏低。玉米生长过程对养分的蓄积能力依次为:S＞P＞Mo＞Se＞K＞Mg＞Ca＞Mn＞Co＞Fe。

4. 油菜

通过对每个油菜样品的生物富集系数的统计,由表7-13可见,油菜样品对不同养分元素的富集程度差异较大,其中P、S元素的富集系数比其他元素高出数倍,说明其作为作物主量元素的特点。油菜中的Se元素富集系数为0.894,表现出油菜籽中对土壤中硒元素的吸收性要优于其他农产品,其次为Mo、K、Ca元素,其富集系数分别为0.413、0.324、0.320,其余元素的富集系数相对较低。油菜生长过程对养分的蓄积能力依次为:S＞P＞Se＞Mo＞K＞Ca＞Mg＞Mn＞Co＞Fe。

表7-13 油菜营养元素富集系数统计表

养分指标	最小值	最大值	平均值	养分指标	最小值	最大值	平均值
Se	0.070	7.259	0.894	Ca	0.110	1.235	0.320
Co	0.001	0.014	0.003	K	0.189	0.554	0.324
Mo	0.102	1.134	0.413	Mg	0.045	0.514	0.184
Fe	0.000 5	0.002 2	0.001	P	1.410	20.790	7.964
Mn	0.030	0.134	0.052	S	4.630	67.884	27.001

5. 黄豆

对全区采集的 77 件黄豆籽实样品进行分析,其生物富集系数列于表 7-14。如表所示,黄豆对不同养分元素的富集程度差异很大,Mo、S、P 元素的吸收和蓄积能力显著强于其他元素,其中 Mo 的富集系数高达 7.284,说明黄豆对 Mo 元素具有超强的依赖性;其次为 K、Se 元素,其富集系数均大于 0.4 以上,具有较高的聚集能力,其余元素的富集系数相对较低。黄豆生长过程对养分的蓄积能力依次为:S>Mo>P>K>Se>Ca>Mg>Mn>Co>Fe。

表 7-14 黄豆营养元素富集系数统计表

养分指标	最小值	最大值	平均值	养分指标	最小值	最大值	平均值
Se	0.162	2.085	0.411	Ca	0.063	0.242	0.118
Co	0.005	0.052	0.018	K	0.525	0.976	0.678
Mo	2.510	27.384	7.284	Mg	0.081	0.143	0.111
Mn	0.026	0.058	0.038	P	2.458	10.499	6.098
Fe	0.000 2	0.002 1	0.000 8	S	7.831	37.579	16.262

6. 花生

通过对 30 件花生样品的生物富集系数的统计,由表 7-15 可见,花生样品对不同养分元素的富集程度差异较大,其中 P、S 元素的富集系数比其他元素高出数倍,说明其对作物生长的重要性,其次为 Mo 元素,其富集系数为 1.573,说明其花生与黄豆类似,对 Mo 元素具有超强的依赖性,其余元素的富集系数相对较低。花生生长过程对养分的蓄积能力依次为:S>P>Mo>K>Se>Mg>Ca>Mn>Co>Fe。

表 7-15 花生营养元素富集系数统计表

养分指标	最小值	最大值	平均值	养分指标	最小值	最大值	平均值
Se	0.012	2.499	0.254	Ca	0.014	0.192	0.075
Co	0.002	0.094	0.010	K	0.249	0.483	0.318
Mo	0.079	6.714	1.573	Mg	0.092	0.439	0.205
Fe	0.000 1	0.000 4	0.000 2	P	0.975	11.810	6.483
Mn	0.020	0.138	0.051	S	1.341	19.045	9.127

(二)水果类农产品

全区采集了 51 件沙梨和 30 件泉水柑样品,其生物富集系数列于表 7-16。

表 7-16　沙梨及泉水柑营养元素富集系数统计表

元素	沙梨			元素	泉水柑		
	最小值	最大值	平均值		最小值	最大值	平均值
Se	0.003	0.030	0.010	Se	0.002	0.013	0.005
Co	0.000 3	0.002 2	0.000 9	Co	0.000 1	0.001 2	0.000 4
Mo	0.006	0.019	0.011	Mo	0.005	0.020	0.010
Fe	0.000 004	0.000 04	0.000 02	Fe	0.000 01	0.000 03	0.000 02
Mn	0.000 3	0.002 6	0.000 6	Mn	0.000 3	0.002 3	0.000 7
Ca	0.000 3	0.006 8	0.001 6	Ca	0.004	0.066	0.023
K	0.035	0.079	0.056	K	0.032	0.098	0.053
Mg	0.002	0.010	0.004	Mg	0.004	0.017	0.007
P	0.030	0.250	0.112	P	0.045	0.538	0.203
S	0.089	0.558	0.207	S	0.060	0.705	0.433

沙梨、泉水柑中不同养分的富集程度总体较小,其中 P、S、K 元素的吸收和蓄积能力明显强于其他元素,说明沙梨和泉水柑同属水果类的产品对 S、P、K 具有较高的聚集能力,其余元素的富集系数相对较低。

沙梨生长过程对养分元素的蓄积能力依次为:S＞P＞K＞Mo＞Se＞Mg＞Ca＞Co＞Mn＞Fe。泉水柑则依次为:S＞P＞K＞Ca＞Mo＞Mg＞Se＞Mn＞Co＞Fe。

(三)蔬菜类农产品

通过对萝卜、白菜和地瓜样品的生物富集系数统计可以看出(表 7-17):萝卜和白菜样品中 P、S 元素的富集系数远远大于其他元素,特别是白菜 P 元素的富集系数为 16.31,为萝卜 P 元素的富集系数的 40 倍,说明白菜对 P 元素吸收和蓄积能力远强于萝卜;其他养分元素的富集程度在白菜和萝卜中差异均相对较小,地瓜样品中总体来看所有的养分元素生物富集程度较小。不同的蔬菜类农产品富集系数依次为:

萝卜——S＞P＞K＞Mo＞Ca＞Se＞Mg＞Mn＞Co＞Fe;

白菜——P＞S＞K＞Mo＞Ca＞Se＞Mg＞Mn＞Co＞Fe;

地瓜——S＞P＞Mo＞K＞Ca＞Se＞Mg＞Mn＞Co＞Fe。

表 7-17　蔬菜类农产品营养元素富集系数统计表

元素	萝卜			元素	白菜			元素	地瓜		
	最小值	最大值	平均值		最小值	最大值	平均值		最小值	最大值	平均值
Se	0.004	0.235	0.024	Se	0.004	0.242	0.027	Se	0.009	0.067	0.029
Co	0.000 1	0.007 0	0.000 7	Co	0.000 2	0.001 2	0.000 5	Co	0.000 2	0.000 3	0.000 2

续表 7-17

元素	萝卜			元素	白菜			元素	地瓜		
	最小值	最大值	平均值		最小值	最大值	平均值		最小值	最大值	平均值
Mo	0.007	0.108	0.045	Mo	0.008	0.281	0.081	Mo	0.071	0.735	0.228
Fe	0.000 02	0.000 08	0.000 03	Fe	0.000 04	0.000 10	0.000 06	Fe	0.000 02	0.000 05	0.000 03
Mn	0.000 3	0.016 7	0.001 4	Mn	0.001	0.007	0.002	Mn	0.000 3	0.001 0	0.000 7
Ca	0.006	0.103	0.030	Ca	0.011	0.174	0.044	Ca	0.010	0.070	0.039
K	0.049	0.179	0.108	K	0.058	0.204	0.091	K	0.029	0.107	0.070
Mg	0.003	0.020	0.007	Mg	0.004	0.020	0.008	Mg	0.010	0.026	0.017
P	0.158	1.514	0.416	P	1.910	25.331	16.312	P	0.082	0.972	0.623
S	0.544	3.722	1.983	S	0.411	3.671	2.014	S	0.238	1.158	0.681

(四)特色农产品

通过对每个葛根样品的生物富集系数的统计可见(表 7-18),葛根样品对不同养分元素的富集程度差异较大,其中 P、S 元素的富集系数比其他元素高出数倍,其次为 Ca 元素,其富集系数为 0.934,其余元素的富集系数相对较低。

葛根生长过程对养分的蓄积能力依次为:S>P>Ca>K>Mg>Mo>Se>Mn>Co>Fe。

表 7-18 葛根营养元素富集系数统计表

元素	最小值	最大值	平均值	元素	最小值	最大值	平均值
Se	0.037	0.318	0.084	Ca	0.404	3.380	0.934
Co	0.003	0.011	0.005	K	0.267	0.587	0.441
Mo	0.106	1.779	0.313	Mg	0.135	0.721	0.344
Fe	0.000 4	0.000 9	0.000 6	P	2.322	7.653	4.194
Mn	0.004	0.022	0.008	S	3.281	19.323	8.527

第二节 基于多时空的生态环境变化趋势分析

一、钟祥地区土壤酸碱度时空变化分析

本次研究是基于现代 GIS 与数学模型集成技术,以钟祥市土壤为研究对象,目的是揭示钟祥市土壤在 2005—2020 年近 15 年来土壤酸度的时空变化规律、空间分异特征和酸化程度,分析土壤酸化的主要影响因素,探讨并建立耕地土壤酸化程度分区,从而为研究区土壤的综合治理和耕地土壤的可持续利用提供科学依据。

（一）空间数据库

(1)通过收集钟祥市土壤类型图、地质图、地形、海拔、三调及 DEM 数据库等信息,利用 2005 年开展的 1∶25 万多目标地球化学调查数据,结合 2020 年土地质量地球化学调查成果,最终确定钟祥市相关土壤属性信息。

(2)建立研究区 2005 年及 2020 年土壤地球化学空间及属性数据库,借助 ARCGIS 软空间分析工具与其土壤属性分析数据进行关联,根据插值模型精度评价方法,通过对研究区耕地土壤相关属性的插值模型参数的对比,筛选出研究区各土壤属性的最优空间插值模型,最终选出精度最佳的插值模型进行土壤属性的点面空间预测模型。

(3)生成研究区 2005 年和 2020 年耕层土壤 pH 值空间及其属性栅格分布数据库,采用面积加权平均法计算每个图元的 pH 值,分别建立研究区 2005 年和 2020 年耕地土壤 pH 值空间属性数据库,然后对计算结果进行分析研究。

（二）土壤酸碱度在垂直方向上的空间变化特征

表 7-19 统计了表层土壤(0～20cm)pH 值与深层土壤(1500～200cm)pH 值之比值,全区酸化率平均值达到 11.5%。由此可见,相对于深层土壤,全区表层土壤不同程度出现酸化现象,其中红砂岩类风化物成土母质分布区土壤酸化率明显高于其他类型。

表 7-19　不同母质单元表层土壤酸化率一览表

母质单元	全区平均值	第四系风化物	红砂岩类风化物	泥质岩类风化物	碳酸盐类风化物
表层(0～20cm)	5.97	6.58	5.72	5.51	5.68
深层(150～200cm)	6.67	7.06	6.51	6.10	6.30
表深比值	0.89	0.93	0.88	0.90	0.90
酸化率/%	11.5	6.79	12.1	9.7	9.8

注:酸化率=(深层 pH 值－表层 pH 值)/深层 pH 值×100%。

根据全区土壤剖面测量结果,分别作不同层位的土壤酸碱度地球化学图(图 7-2)。由图 7-2 可见,土壤表层 pH 值(0～20cm)变化范围为 4.84～8.23,全区土壤表层 pH 平均值为 7.00,总体处于中碱性。其中,酸性土壤主要分布在东部温峡水库—石门水库一带。

土壤地球化学基准值是指未受人类影响的土壤原始沉积环境地球化学元素含量,代表土壤地球化学本底的量值,反映深层土壤地球化学特征。由图 7-2 可见,调查区土壤深层 pH 值(200cm)变化范围为 5.27～8.57,全区土壤深层 pH 平均值为 7.40,碱性本底明显。

从土壤 pH 值垂向变化情况来分析,表层—深层土壤 pH 值出现较明显的递增的变化趋势,说明土壤本底 pH 值总体上较为稳定。

进一步分析发现,全市表层土壤 pH 值总体有所下降,相对深层土壤平均下降 0.32 个单位,其中 pH 值降低的土壤面积约 1230km²,占全市耕地总面积的 27.92%,从土地利用方式分析,主要分布在岗地丘陵区的水稻种植区,表明人为活动对土壤酸化的影响越来越大,相较于自然过程缓慢的酸化速度,人为因素的干扰逐渐代替自然因素成为土壤酸化的主要因素。

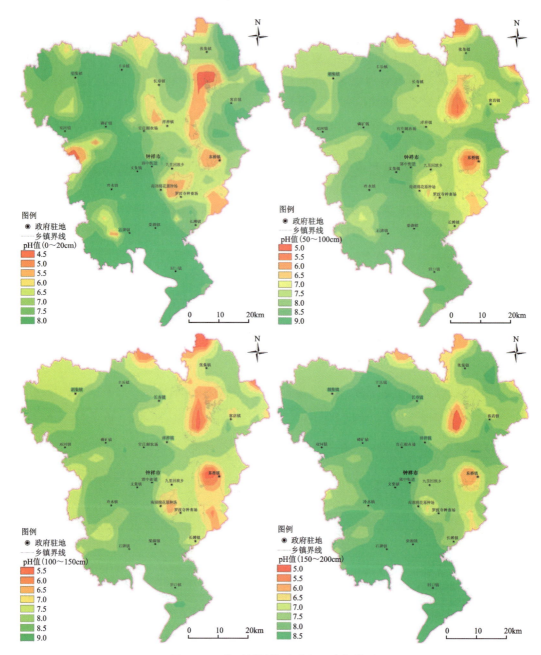

图 7-2 土壤不同层位酸碱度地球化学图

(三)土壤酸碱度在不同时间上的时空变化特征

1. 2005 年表层土壤 pH 值分布特征

研究结果(据多目标地球化学调查)表明,2005 年钟祥市表层土壤 pH 值变化范围为 4.5～9.12,平均值为 7.27。全区酸性土壤(4.5～6.5)分布面积 1160km²,占研究区面积的 26.33%;而碱性土壤区(7.5～8.5)分布面积 2173km²,占研究区面积的 49.33%,总体偏碱性(图 7-3)。

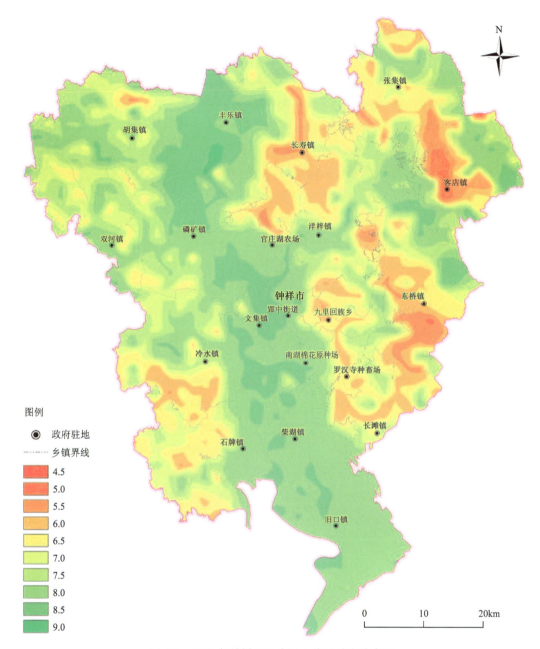

图 7-3 2005 年钟祥地区表层土壤酸碱度分布图

2. 2020 年表层土壤 pH 值分布特征

根据 1∶50 000 土壤调查结果(土地质量地球化学调查),2020 年钟祥市表层土壤 pH 值变化范围为 4.82~8.43,平均值为 6.48。全区酸性土壤(4.5~6.5)分布面积 1777km²,占研究区面积的 40.34%;而碱性土壤区(7.5~8.5)分布面积 1088km²,占研究区面积的 24.70%,总体偏中酸性(图 7-4)。

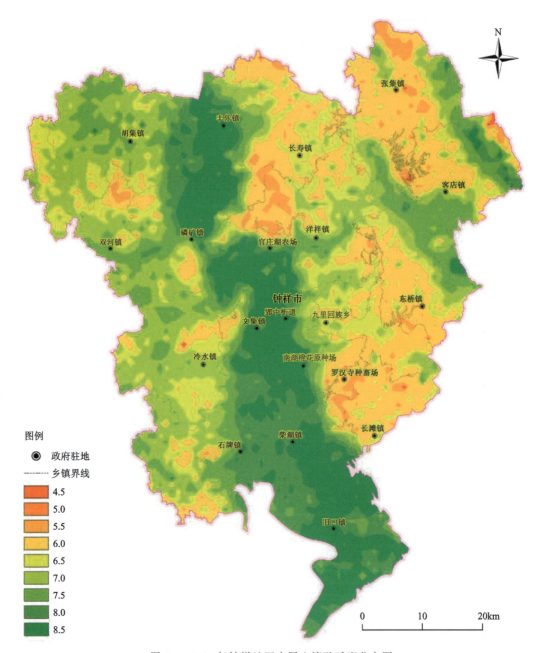

图 7-4　2020 年钟祥地区表层土壤酸碱度分布图

研究发现,2005—2020 年钟祥市部分土壤酸化较为严重,一些耕地土壤 pH 值比 2005 年降低了将近 2 个单位。截至 2020 年,全市酸性土壤面积比 2005 年增加了 37.76%,占全区面积的 15.23%。

3. 土壤 pH 时空特征分析

根据钟祥市 15 年间土壤酸化空间数据库,导出各图元的数据属性表,借助 GIS 软件的分析工具建立土壤酸化程度分区指标,将其酸化程度划分为强度酸化、中度酸化、弱度酸化三级,具体划分指标为:弱酸化$-0.5<\Delta pH<0$,中度酸化$-1.5<\Delta pH<-0.5$,强酸化$\Delta pH<-1.5$。根据酸化程度划分指标,建立表层土壤在15年时间里酸碱度变化,并分析其时空变异规律。

结果显示(图7-5),在15年的时间里,钟祥市土壤出现酸化情况的面积占22.84%,达到1006km²。其中,强酸化的土壤面积为18.47km²,分别占全市面积的0.42%和酸化土壤面积的1.84%;中度酸化的土壤面积为271.00km²,分别占全市面积的6.15%和酸化土壤面积的26.94%;弱酸化的耕地土壤面积最大,达716.53km²,分别占全市面积的16.27%和酸化土壤面积的71.23%。可见,发生酸化的土壤主要是以弱酸化为主。发生强酸化的面积相对较小,主要分布于钟祥市东北部张集镇和客店镇的林地和少量坡耕地,土壤类型为黄棕壤,成土母质主要是白垩纪红砂岩类风化物。

从不同土类土壤酸化程度分区面积统计来看,土壤发生酸化面积最大的土类是黄棕壤,达628km²,占全省酸化耕地总面积的62.43%,主要分布在北部低山丘陵区;其次为水稻土,面积321km²,占比为31.91%,潮土以及石灰土类酸化面积较低。

从不同土地利用下土壤酸化程度分区面积统计来看,土壤酸化面积最大的利用类型是水田,酸化面积达740km²,是全区酸化土壤总面积的73.56%;其次为旱地和林地,酸化面积较小,酸化面积分别为149km²和117km²,分别占比14.81%和11.63%。可见,钟祥市作为重要的粮食产地,在农业生产过程中化肥的施用量较大,土地利用程度较高,在2005—2020年间,土壤酸化程度和面积均出现明显升高的趋势。

二、钟祥地区地质环境承载力分析与研究

地质环境承载力(geological environment carrying capacity,GECC)是环境承载力范畴内的一个分支,是衡量人类活动与地质环境是否协调的标准之一。本节主要研究钟祥地区地质环境承载力,对钟祥地区的地质环境承载力作出评价,为钟祥市的发展规划及建设提供科学依据。

(一)评价体系

本次研究综合考虑了多方面因素,数据主要分为地质环境、生态环境和社会环境3个方面,既包含了遥感影像、DEM数据等影像数据,也包含了人口、地质地貌、水文等统计数据,所以各种数据的获得渠道也不尽相同。通过对工程地质岩组、植被覆盖、人口密度等14个评价指标采用层次分析法确定各个指标在该体系中的影响与权重,借助GIS技术中的空间叠置分析的方法,建立了评价体系与模型,如图7-6所示。

(二)研究方法

1. 方法概述

研究中涉及的数据既包含影像数据,也包含各种统计数据。为了能够有效综合多种指标

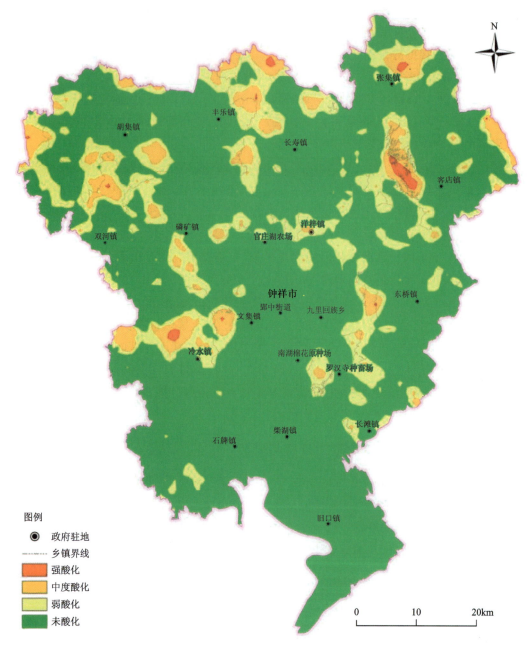

图 7-5 钟祥地区 15 年间表层土壤酸化程度分区图

数据,需要把各个指标数据统一分辨率和衡量标准。本书的影像数据有 landsat8 遥感影像数据和 DEM 影像数据,其中遥感影像数据用于计算 NDVI(植被覆盖)和 IBI(建筑指数),从 DEM 影像数据中可以获得高程信息和坡度信息,它们的分辨率均为 30m,所以在用统计数据作分析时,需要把分析结果输出成分辨率为 30m 的栅格数据。

由于各个指标数据衡量标准不相同,单位也不同,在进行数据综合分析前,需要对数据进行标准化处理,将其值统一在 [0,1] 之间。标准化公式为

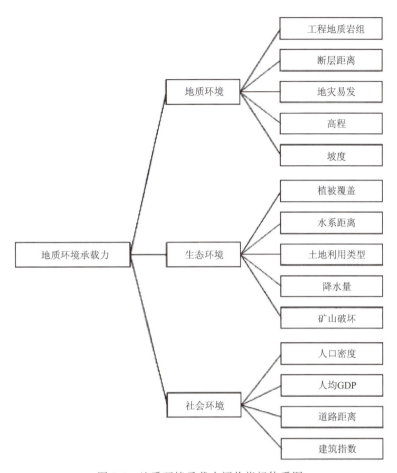

图 7-6 地质环境承载力评价指标体系图

$$P_i = \frac{X_i - X_{\min}}{X_{\max} - X_{\min}}$$

式中：P_i 为第 i 个像元的标准化值；X_i 为第 i 个像元的原始值；$X_{\max}$、$X_{\min}$ 分别为该指标的基本的最大值与最小值。

另外，因为不同指标对综合指标的正负影响不同，如人口密度和断层距离。人口密度越大，表明其对环境的破坏程度越大，环境承载力相应地要低，所以该指标是负向指标；而距离断层越远，表明其地质构造相对稳定，环境承载力相应地要高，所以该指标是正向指标。因此，我们需要将负面指标进行反向求值计算，其公式为

$$P_i = 1 - \frac{X_i - X_{\min}}{X_{\max} - X_{\min}}$$

考虑到不同指标对综合评价指标的影响程度不同。有的指标对综合指标的影响大，有的影响小，有的是正面影响，有的是反面影响。所以需要对各个指标定权，通过加权求和的方式来计算综合指标，计算公式为

$$\text{GECC} = \sum_{i=1}^{n} W_i P_i$$

式中:GECC 为地质环境承载力指数;P_i 为第 i 个指标的标准化值;W_i 为第 i 个指标的权重。

2. 层次分析法

评价指标因子权重的确定方法有统计法、专家评议法、层次分析法、回归分析法等。其中层次分析法(analytic hierarchy process,AHP)既可以建立多级评价的模型,又能充分利用专家的经验,将经验判断给予数量化,运用效果好,具体步骤如下:

(1)建立模型。首先明确用层次分析法建立的模型结构,结合实际研究内容确定层次模型。

(2)构造判断矩阵。在确定权重时,为了使结果更客观,需要构造两两比较矩阵,使各级元素相互比较,采用相对尺度,按照 Santy 等人提出的比例标度评价表(1~9 数值标度法),构造出判断矩阵(表 7-20)。

表 7-20 重要性标度评价表

重要性标度值	定 义
1	i 指标比 j 指标同样重要
3	i 指标比 j 指标稍微重要
5	i 指标比 j 指标比较重要
7	i 指标比 j 指标非常重要
9	i 指标比 j 指标绝对重要
2、4、6、8	为两个判断级别的中间状态
倒数 1/3、1/5、1/7、1/9	i 指标比 j 指标稍微/比较/非常/绝对(不重要) $b_{ij}=1/b_{ji}$ $b_{ii}=1$

(3)计算权重。将判断矩阵的每一等元素相乘得

$$M_i = \prod_{j=1}^{n} b_{ij} \quad (i=1,2,3,\cdots,n)$$

再计算 M_i 的 n 次方根

$$\overline{W_i} = \sqrt[n]{M_i}$$

并通过下式归一化得到权重向量 W_i

$$W_i = \frac{\overline{W_i}}{\sum_{i=1}^{n}\overline{W_i}} \quad (i=1,2,3,\cdots,n)$$

(4)计算判断矩阵的最大特征值 $\lambda_{\max}$ 进行一致性检验,计算公式为

$$\lambda_{\max} = \frac{1}{n}\sum_{i=1}^{n}\frac{(BW)_i}{W_i} \qquad CR = \frac{\lambda_{\max}-n}{n-1}$$

式中,CR<0.1 符合研究期望,可以用来较合理赋权,若大于 0.1 大于需要调整修正。

3. 地质环境承载力评价方法

在本书的研究中,采用层次分析法对钟祥市的各项指标进行综合评价定权。先将地质环境承载力层级分为目的层、准则层与指标层,再利用专家打分法确定判断矩阵,最终确定各个指标的权重,如表7-21所示。

获得各项指标的权重后,把各项指标的计算结果归一化,并统一分辨率为30m,借助ArcGIS的空间叠置分析工具,把14个指标进行加权求和,最后可以得到地质环境承载力的分布图。

表7-21 层次分析法确权表

目标层	准则层	指标	同级权重	综合权重 W1
承载力	地质环境 0.411 1	工程地质岩组	0.302 7	0.124 4
		高程	0.075 6	0.031 11
		坡度	0.140 8	0.057 8
		断层距离	0.166 7	0.068 5
		地灾易发	0.314 0	0.129 0
	生态环境 0.327 7	植被覆盖	0.168 0	0.055 0
		水系距离	0.088 2	0.028 9
		土地利用类型	0.290 7	0.095 2
		降水量	0.284 9	0.093 3
		矿山破坏	0.168 0	0.055 0
	社会经济 0.261 1	人口密度	0.204 7	0.053 4
		人均GDP	0.169 0	0.044 1
		道路距离	0.288 0	0.075 2
		建筑物指数	0.338 0	0.088 2

(三)指标信息的提取

涉及的计算指标分为地质环境、生态环境和社会环境三类,综合指标可以从多个角度体现地质、生态、社会对地质环境承载力的影响。

1. 地质环境指标

1)工程地质岩组

根据表7-22所示的工程岩组软硬评价标准,从钟祥市地质图上将钟祥市的工程地质岩组软硬程度划分为五级,分别是极软岩、软岩、较软岩、较硬岩和坚硬岩,由小到大分别赋值为1、2、3、4、5。值越大说明岩石越坚硬,相应地,地质环境承载力就更强。

表 7-22 工程地质岩组岩石分类

岩石分类	代表性岩石	开挖方法	赋值
极软岩	①全风化的各种岩石 ②各种半成岩	手凿工具/爆破法开挖	1
软岩	①强风化的坚硬岩或较硬岩 ②中等风化—强风化的较软岩 ③未风化—微风化的页岩、泥岩、泥质砂岩	风镐/爆破法	2
较软岩	①中等风化—强风化的坚硬岩或较硬岩 ②未风化—微风化的凝灰岩、千枚岩、泥灰岩	爆破法	3
较硬岩	①微风化坚硬岩 ②未风化—微风化大理岩、板岩、石灰岩、白云岩	爆破法	4
坚硬岩	①未风化—微风化花岗岩、闪长岩、辉绿岩、玄武岩 ②安山岩、片麻岩、石英砂岩、硅质砾岩	爆破法	5

把该矢量数据通过 ArcGIS 软件转为栅格数据,以钟祥市栅格数据为掩模,完成 30m 重采样和数据归一化处理,得到工程岩组的评价指标信息(图 7-7)。

该因子的同级指标权重为 0.302 7,综合指标权重为 0.124 4,属于影响评价结果较大的地质环境指标。在通常情况下,岩组构成越坚硬,该区域承载力越强,区域环境越稳定,因此属于正向指标。

2)高程和坡度

高程和坡度是影响地质环境承载力的重要因子。一般的,温度随着高程的增大而降低,植被以及整个生态系统随之呈现明显的垂直变化,生物多样性随之降低。随着高程的增大,区域稳定性和承载力都会相应降低,因此高程属于负向指标(图 7-8)。在层次分析法赋权中该因子的同级指标权重为 0.075 6,综合指标权重为 0.031 1。

坡度是高程的变率,表示区域的陡峭状况,坡度越大,区域的环境承载力越差,受人类活动干扰的影响越大,水土流失、环境破坏等问题越可能出现。坡度与高程类似,地形表面坡度越大地表越陡峭,越不利于生产生活的开展,因此坡度也为负向指标(图 7-9)。在层次分析法赋权中该因子的同级指标权重为 0.140 8,综合指标权重为 0.057 8。

3)断层距离和地灾易发

断裂构造是指岩层或岩体发生破裂或断裂,使其完整性和连续性遭到破坏的一种构造类型。它们构成一定地区的构造框架,某些大型断裂在区域构造演化中起着重要作用。实际上体现出了地质运动的活跃和地质作用的强烈,因此距离断层越近的地区,承载力相应地更低,越远的地方,承载力相应地要高,所以断层距离属于正向指标(图 7-10)。在层次分析法赋权中该因子的同级指标权重为 0.166 7,综合指标权重为 0.068 5。

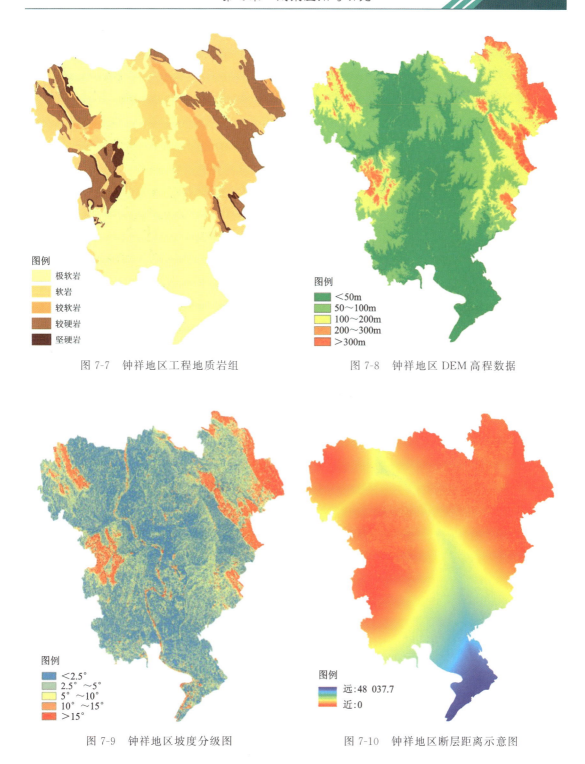

图 7-7　钟祥地区工程地质岩组　　　　　图 7-8　钟祥地区 DEM 高程数据

图 7-9　钟祥地区坡度分级图　　　　　　图 7-10　钟祥地区断层距离示意图

地质灾害易损性是地质环境状态评价的约束条件,是重要的评价内容,属于影响程度较为强烈的指标因子。本书获取了钟祥市地质灾害历史发生情况的点数据,包括崩塌、滑坡、泥石流等灾害情况,并统计了在钟祥市内的点位分布。用 ArcGIS 中的点密度分析工具,对这些地质灾害点进行处理,将钟祥市地质灾害易发性分为不易发、低易发、中易发和高易发4个等级(图7-11)。由于地质灾害发生越为频繁,越不利于生产生活的正常开展以及稳定的经济区域发展,因此该区块承载力越差,为负向指标。在层次分析法赋权中该因子的同级指标权重为0.314 0,综合指标权重为0.129 0。

2. 生态环境指标

1)植被覆盖

归一化差值植被指数(NDVI)无疑是应用最广泛的植被指数(图7-12),它与植物生物量、叶面积指数以及植被覆盖度都有密切的关系,因此,选用NDVI来代表绿度指标

$$\text{NDVI} = (\rho_{\text{NIR}} - \rho_{\text{R}})/(\rho_{\text{NIR}} + \rho_{\text{R}})$$

式中,ρ_{NIR}为近红外波段;ρ_{R}为红色波段。

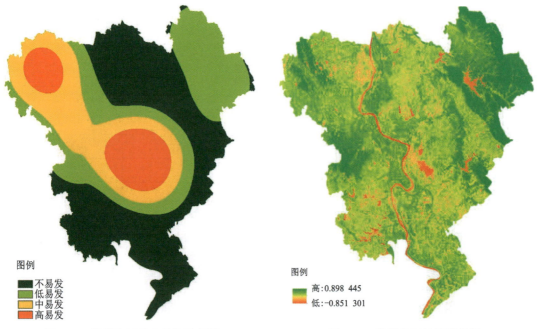

图7-11 钟祥地区地灾易发示意图　　图7-12 钟祥地区植被覆盖图

利用ENVI软件的波段计算工具,使用近红外波段与红波段的差值比近红外波段与红波段之和,得到比值为该区域的NDVI值。去除异常值,取1%的置信区间后,其最小值为-0.096 5,最大值为0.864 1,均值为0.531 5,说明其整体绿化程度较高(图7-12)。在层次分析法赋权中该因子的同级指标权重为0.168 0,综合指标权重为0.055 0,属于正向指标。

2)水系距离和降水量

在地理图中获取到河流、水系数据后,采用距离分析法,计算每个像元到最近水域的距离,得到水系距离分析如图7-13所示。

因为河流在汛期存在潜在水患,并且对地形有腐蚀作用,侧蚀和下蚀流经区域土地。因而在一定的距离内,离水系越远,相应的地质环境承载力越高,所以水系距离因子为一个正向指标。在层次分析法赋权中该因子的同级指标权重为0.088 2,综合指标权重为0.028 9。

从气象站获得降水量数据,分析效果如图 7-14 所示。在一定范围内,降雨充足,有利于农作物的生长。降水量太少可能会造成农作物减产,植被覆盖情况衰退,因此在统计图的常规降水区间(不包括洪灾等异常降水情况)下,降水量为正向因子。在层次分析法赋权中该因子的同级指标权重为 0.284 9,综合指标权重为 0.093 3。

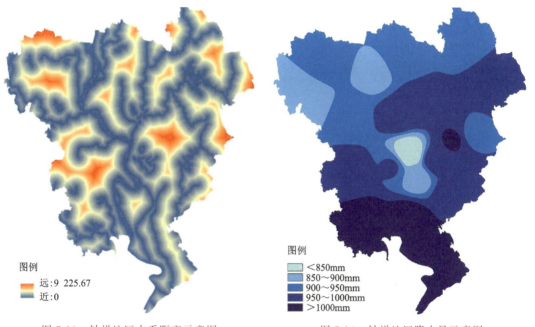

图 7-13 钟祥地区水系距离示意图　　　图 7-14 钟祥地区降水量示意图

3)土地利用类型和矿山破坏

用遥感影像提取出钟祥市的土地利用类型,将土地利用类型分为林地、园地、草地、水域及水工建筑用地、耕地、交通运输及其他用地、城镇及工矿用地 8 类,并按照林地数值最大,城镇及工矿用地数值最小的方式赋值。分类结果如图 7-15 所示,可以看出钟祥市内林地与耕地占比最大。此指标为正向指标,在层次分析法赋权中该因子的同级指标权重为 0.290 7,综合指标权重为 0.095 2。

获得了钟祥市内的矿山破坏的点位分布信息后,采用点密度分析的方法,从一定程度上可以反映周围环境的受影响程度,如图 7-16 所示。这个指标为负向指标,在层次分析法赋权中该因子的同级指标权重为 0.168 0,综合指标权重为 0.055 0。

3. 社会环境指标

1)人口密度和人均 GDP

单位面积内人口密度越大,说明城市化程度越大,人为开发的生产生活建筑工程用地也越多,对大自然的改造越多,该区域的承载力也相应下降,因此人口密度为负向因子,其分析结果如图 7-17 所示。在层次分析法赋权中该因子的同级指标权重为 0.204 7,综合指标权重为 0.053 4。

人均国内生产总值 GDP 是了解某地区的宏观经济运行状况的工具。GDP 增速目标须考虑能源承载能力,必须重视将来的产业结构升级,将发展质量放在重中之重,摆脱传统的唯GDP思维,从而实现中国经济增长模式的整体升级,在对钟祥市地质环境承载力的评价中,研究将人均 GDP 列为负向评价指标,认为区域经济越发达,相应的开发空间和承载力就会有所缩减(图 7-18)。在层次分析法赋权中该因子的同级指标权重为 0.169 0,综合指标权重为 0.044 1。

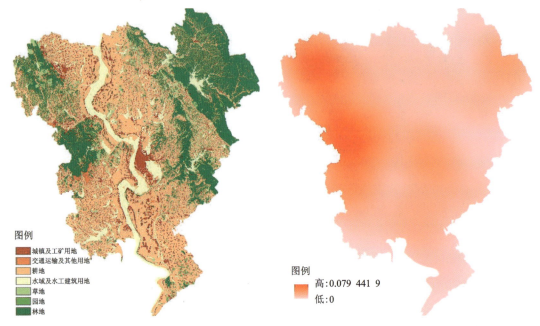

图 7-15　钟祥地区土地利用类型示意图　　　　图 7-16　钟祥地区矿山破坏分布图

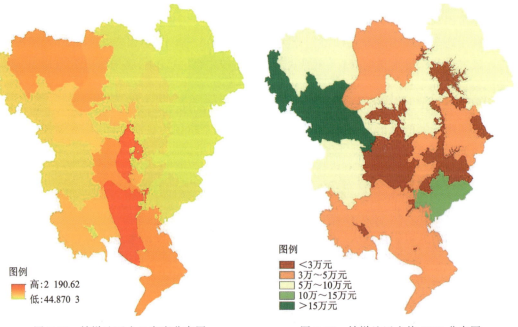

图 7-17　钟祥地区人口密度分布图　　　　图 7-18　钟祥地区人均 GDP 分布图

2)道路距离和建筑指数

从钟祥市地理空间数据中筛选出主要路网信息,对主要道路作欧式距离分析,主要分析在钟祥市辖区的国道、省道、市区一级和市区二级以及高速和铁路,乡道不纳入距离分析。

因为主要干路和支路作为物资运输和人员流通的枢纽,受人类活动干扰大,干路两旁承受的噪声和环境污染压力也大。因而在一定的距离内,离道路越远,相应的地质环境承载力越高,所以道路距离因子为一个正向指标。做距离分析后,信息提取结果如图 7-19 所示。在层次分析法赋权中该因子的同级指标权重为 0.088 2,综合指标权重为 0.028 9。

利用 ENVI 软件的波段计算工具,计算建筑指数 IBI 的公式为

$$\text{IBI} = \left[\frac{2\rho_{\text{SWIR1}}}{\rho_{\text{SWIR1}}+\rho_{\text{NIR}}} - \frac{\rho_{\text{NIR}}}{\rho_{\text{NIR}}+\rho_{\text{R}}} - \frac{\rho_{\text{G}}}{\rho_{\text{G}}+\rho_{\text{SWIR1}}}\right] / \left[\frac{2\rho_{\text{SWIR1}}}{\rho_{\text{SWIR1}}+\rho_{\text{NIR}}} + \frac{\rho_{\text{NIR}}}{\rho_{\text{NIR}}+\rho_{\text{R}}} + \frac{\rho_{\text{G}}}{\rho_{\text{G}}+\rho_{\text{SWIR1}}}\right]$$

式中,ρ_{B}、ρ_{G}、ρ_{R}、ρ_{NIR}、ρ_{SWIR1}、ρ_{SWIR2} 分别为 landsat8 影像中 Blue、Green、Red、NIR、SWIR1、SWIR2 波段的反射率,其计算结果如图 7-20 所示。

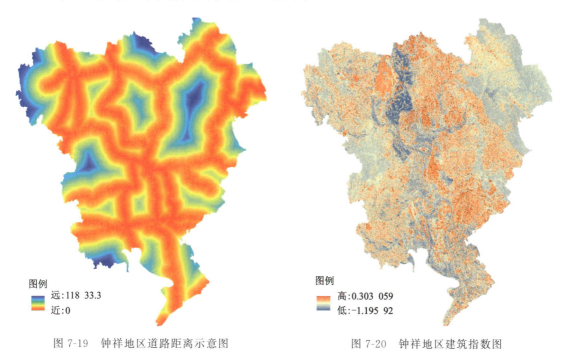

图 7-19　钟祥地区道路距离示意图　　　　图 7-20　钟祥地区建筑指数图

(四)钟祥地区地质环境承载力综合评价

本次通过对钟祥地区地质环境承载力进行了各方面的研究,建立了三级指标体系(目标层—准则层—指标层),在 ArcGIS 和 ENVI 软件的支持下,将收集的各种基础信息进行加工预处理、指标因子的提取、指标因子归一化处理、确定指标因子权重、各因子加权叠加,计算得出整个研究区的生态承载体指数分布图,如图 7-21 所示。

将最终结果按地质环境承载力的指数范围划分成 5 个等级,分别为承载力低(指数<0.4)、承载力较低(指数在 0.4～0.5)、承载力适中(指数在 0.5～0.6)、承载力较高(指数

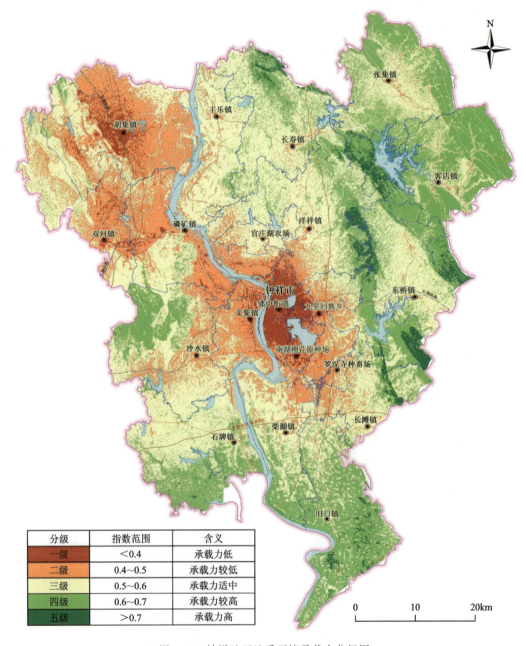

图 7-21 钟祥地区地质环境承载力分级图

在 0.6~0.7)、承载力高(指数＞0.7),并对其进行统计分析,如图 7-22 所示。从图中分析可以得出,钟祥市地质环境承载力低与较低的区域占 24.98%,主要分布在市中心城区和西北胡集地区周边;承载力中等的区域占 45.37%,主要围绕中心区域向四周发散;承载力高与较高的区域占 29.66%,主要分布在东北地区和南部地区。

通过以上的研究分析,可以得出如下结论:

(1)本书采用的地质环境承载力评价体系依据地质环境、生态环境和社会环境 3 个准则层,划分了地质构造等 14 个指标层建立了评价体系,对各评价指标进行量化处理,建立了钟祥地区地质环境承载力评价体系模型。

(2)采用层次分析法及 GIS 空间处理技术针对环境地质承载力评价提供技术支撑,结合专家打分法确定评价因子各自权重值,结果验证表明该方法效果较好。

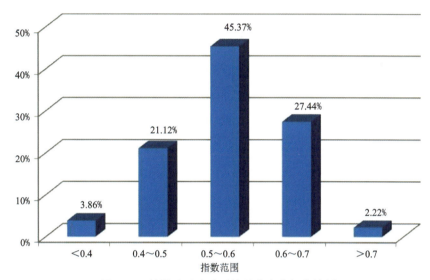

图 7-22　钟祥地区地质环境承载力分级统计图

综合各种因子的影响,说明了郢中中心城区和西北部胡集镇城镇及周边矿山承载力较低,不适合大规模建设开发。建议胡集地区加强荒地的开发利用,并在保护现有林地多样性的基础上尽可能减少人类活动对自然景观的影响,监测矿山下游河道旁及居民点常用的耕地;对郢中城区南湖湖泊湿地进行生态修复,开展综合治理,将可持续发展和生态平衡放在重要战略地位,实现在收获经济效益的同时达到人与自然和谐相处。

第三节　长寿人群地域分布与环境微量元素关系专题研究

"健康地质"是中国地质调查局于 2017 年提出的新时期地质工作的新方向,目的是对人类健康有益或有害的地球物质分布及地质作用过程,分析地质环境对人类健康的影响。本次对钟祥市土壤中微量元素的空间分布特征进行研究,以探讨土壤微量元素与健康长寿之间的关系谱,为钟祥市大健康产业发展提供基础理论数据,促进钟祥市生态资源保护、合理利用与开发。

一、钟祥市高龄老人分布情况

研究发现,长寿老人分布具有一定的聚集性,从而构成了局部地区的长寿现象。长寿是多种因素共同作用的结果,如自然环境、遗传、性别、生活习惯、社会经济状况等。一般认为,人体内的微量元素主要来源于食物和水,微量元素虽然在生物体中含量不多,但它与生命活动息息相关,而微量元素必须直接或间接由土壤或矿物供给。土壤作为自然环境的基本因素,与大气、水、生物之间进行物质和能量的交换,土壤中的微量元素被动植物摄取,最后经过食物链进入人体循环,影响人类的健康和长寿。

据钟祥市长寿研究会提供的统计数据,全市人均寿命75.88岁,高出全国平均水平4.48岁,比世界平均水平高9.88岁,其中百岁老人109位(2015年世界长寿之乡申报数据),按照中国老年学学会制定的《中国长寿之乡》的评定标准,钟祥市百岁老人占总人口的比例达到10.5人/10万人,名列中国六大长寿之乡第二位。资料显示:全市80~89岁老人19 622人,90~99岁老人3075人,100岁及以上老人109人,分别占总人口的1.87%、0.29%、0.01%。全市各乡镇高龄老人分布情况见表7-23。

表7-23 钟祥地区高龄人口统计表

地区	总人口	80~89岁	90~99岁	100岁及以上	百岁老人/10万人
罗汉寺种畜场	2137	129	15	0	0
南湖棉花原种场	6886	147	29	0	0
张集镇	22 128	502	42	0	0
东桥镇	23 253	467	76	1	4.30
长滩镇	19 564	325	56	1	5.11
官庄湖农场	14 713	418	58	1	6.80
旧口镇	94 384	1604	273	6	6.36
石牌镇	68 974	1707	233	5	7.25
郢中街道	196 444	2029	258	13	6.62
客店镇	13 150	316	30	1	7.60
胡集镇	142 754	2228	300	13	9.11
冷水镇	45 763	1198	165	7	15.30
双河镇	37 533	1159	176	5	13.32
丰乐镇	67 482	1604	317	9	13.34
磷矿镇	42 676	1011	147	6	14.06
柴湖镇	106 876	1723	331	17	15.91
洋梓镇	53 217	1110	194	9	16.91
文集镇	39 516	1095	206	8	20.24
长寿镇	27 493	514	115	5	18.19
九里回族乡	12 420	336	54	2	16.10
合计	1 037 363	19 622	3075	109	10.51

由表7-23可见,百岁老人比率的高低分布不均,九里、柴湖、洋梓、长寿、磷矿、文集等6个乡镇百岁老人比率是国际标准的两倍(7.5人/10万人),而张集镇、罗汉寺种畜场等地没有百

岁老人,地区之间差异显著。

百岁老人绝对数量的空间分布在很大程度上受制于人口绝对数量的空间分布,人口密度高的地方往往也是百岁老人较为集中的地方。但是判断一个地方是否是长寿地区所采用的主要评判指标是长寿老人的相对比率。

根据乡村长寿现象的定义和中国老年学学会对长寿之乡的评定标准,乡村长寿水平包括3个指标:乡村每10万人中百岁老人的比重($x1$)、乡村每10万人中高龄老人(80～99岁)的比重($x2$)和人均预期寿命($x3$)。首先将$x1$、$x2$、$x3$数据进行标准化处理,然后根据3个指标的重要程度,分别赋予$x1$、$x2$、$x3$的权重为0.4、0.3、0.3,再将三者相加,求得地区长寿指数。将各乡镇长寿指数综合得分结果分别用GIS制图软件表示见图7-23。

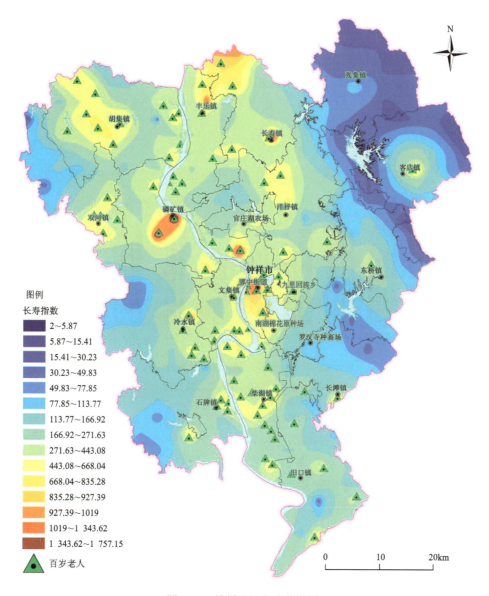

图7-23　钟祥地区长寿指数图

从钟祥市长寿指数分布图来看,钟祥市百岁老人的地理分布的特点为:空间分布不均衡,聚集性分布于汉江流域平原丘陵地区,百岁老人的分布以汉江为流域为中心线往东西两侧呈扩散状分布;东西两侧的丘陵地带的百岁老人比例高于平原地带,反映出自然环境条件地域差异的影响;在汉江两岸的东西两翼山区,特别是东部山区,由于人口稀少,只有极少数的百岁老人分布。

根据钟祥市长寿人群地域分布特征,确定长寿地区与其他地区。据图7-23所示:长寿地区为柴湖、文集、丰乐、洋梓、胡集、冷水等地,低长寿地区为张集、客店、东桥,次长寿地区为双河、磷矿、郢中、长寿、石牌、旧口等地。

二、长寿人群地域分布与环境微量元素分析

(一)大气环境质量

空气污染指数是根据《环境空气质量标准》(GB 3095—2012)和各项污染物对人体健康和生态环境的影响来确定污染指数的分级及相应的污染物浓度限值。通过计算可吸入颗粒物(PM_{10}、$PM_{2.5}$)、二氧化硫(SO_2)、二氧化氮(NO_2)的浓度,得到空气污染指数 API 值(图 7-24)。

图 7-24 钟祥地区多时期空气污染指数对比图

据钟祥市环保局监测记录,钟祥市近年来空气质量环境良好,基本上均达到国家空气质量二级标准。其中 API 值大于 100 以上的轻度污染天气主要集中在 12 月—次年 1 月期间,在全年出现频率较少。另外,"负氧离子"浓度是空气质量好坏的标志之一。根据世界卫生组织的标准,当空气中负氧离子浓度高于 1000~1500 个/cm^3 时,才能称得上是"清新空气"。根据项目对钟祥城区及各监测点的统计数据(表 7-24),各监测点 $PM_{2.5}$ 浓度均低于 50 μg/m^3,而负氧离子含量差别较大,其中大口国家森林公园负氧离子平均含量范围介于 611~22 703 个/cm^3,生态环境最好。各点负氧离子平均浓度均高于 1000 个/cm^3,优越的大气环境对健康长寿起到了重要的作用。

表 7-24　研究区多时段空气负氧离子含量统计表

调查地区	2019 年 6 月		2019 年 9 月		2019 年 12 月	
	负氧离子/(个·cm^{-3})	$PM_{2.5}$/(μg·m^{-3})	负氧离子/(个·cm^{-3})	$PM_{2.5}$/(μg·m^{-3})	负氧离子/(个·cm^{-3})	$PM_{2.5}$/(μg·m^{-3})
大口汇源果蔬小镇	6019	32.83	5458	24.63	2824	34.80
长寿温泉养生小镇	4043	24.85	2671	28.00	681	45.57
洋梓红豆杉康养小镇	4382	33.51	3200	31.42	1060	37.50
郢中街办莫愁湖公园	1436	37.57	1151	42.93	1007	59.56

（二）饮用水微量元素含量

尽管水中的微量元素含量低于粮食和其他食品，但水中的微量元素多以溶解态或离子形式存在，更易被人体吸收转化，吸收率可达 90% 以上。长寿地区人群从富含矿物质的饮用水中获取了有益的微量元素，这些微量元素具有调节体内脂质代谢、降低自氧化损伤、延长生存寿命的作用，水源中微量元素的含量对保持身体健康起着非常重要的作用，也是百岁老人得以健康长寿最重要的物质基础之一。

对全区主要饮用水源地黄坡水库、温峡水库、石门水库等展开了调查工作，参照国家《生活饮用水卫生标准》(GB 5479—2006)，钟祥市饮用水源地均呈弱碱性，其他水质指标含量均符合国家标准和 WHO 标准，其中 30% 的水样中 Sr 含量达到饮用天然矿泉水标准（表 7-25）。

表 7-25　饮用水指标参数统计表

指标	钟祥饮用水源地	国家饮用水标准	WHO 饮用水指导值	汉江流域地表水背景值
pH	7.95±0.18	6.5～8.5	6.5～9.5	6.4～11.1
As/(μg·L^{-1})	1.83±2.10	≤10	≤10	1.950
Cd/(μg·L^{-1})	<0.025	≤5	≤3	<0.025
Cr/(μg·L^{-1})	<0.004	≤50	≤50	3.973
Cu/(μg·L^{-1})	1.07±0.60	≤1000	≤2000	1.354
Hg/(μg·L^{-1})	0.03±0.03	≤1	≤1	0.079
Pb/(μg·L^{-1})	0.41±0.26	≤10	≤10	0.781
Fe/(μg·L^{-1})	196±131	≤300	≤300	400
Mn/(μg·L^{-1})	50±40	≤100	≤500	97.98
Zn/(μg·L^{-1})	9.02±9.01	≤1000	≤3000	3.470
Se/(μg·L^{-1})	0.17±0.09	≤10	≤10	0.050
Sr/(mg·L^{-1})	0.16±0.04			
Li/(μg·L^{-1})	0.79±0.37			

图 7-25 为长寿区与低长寿区水质微量元素比值图。从图中可以直观地看到,长寿地区水源中 Se、Li、Cu、Fe、Sr 元素含量高于低长寿地区。

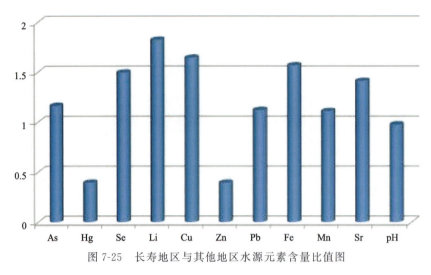

图 7-25　长寿地区与其他地区水源元素含量比值图

(三)长寿区与其他地区土壤微量元素分析

土壤作为环境的基本因子,不断与生物、大气、水之间进行物质和能量交换。土壤中的微量元素被动植物摄取,最后经过食物链进入人体,影响人类的健康和长寿。表 7-26、表 7-27 分别统计了典型长寿地区和其他地区土壤元素在旱地、水田的平均含量,可以发现:

(1)钟祥市长寿地区与其他地区土壤中微量元素含量具有显著性差异。长寿地区土壤 Se、Sr、P、Mn、I、Zn、Mg、Ca、Na 平均含量明显高于其他地区,比值均在 1.2 以上,这几种元素含量在空间上的分布特征与长寿人群空间分布特征相似,与柴湖、丰乐、长寿、文集等地区百岁老人比率达到 15/100 000 以上的地域分布基本一致。

(3)土壤中 V、Al、Hg 等元素含量长寿地区显著低于其他地区,张集、客店、东桥等几个乡镇地区耕地土壤中 Se、Sr、P、Mn 等元素含量较低,这些地区的百岁老人分布较少。

(4)长寿地区旱地中,Sr、Se、Ca、Na、Mg、P、Cl 等养分元素明显高于其他地区;而在水田中,除上述元素外,长寿地区还有 I、Mn 含量高于其他地区。

表 7-26　柴湖等地区土壤元素含量平均值统计表

元素	柴湖镇		丰乐镇		胡集镇		文集镇	
	旱地	水田	旱地	水田	旱地	水田	旱地	水田
As	12.54	12.35	10.17	12.23	12.39	13.65	10.31	11.48
B	52.29	52.21	56.20	56.99	57.10	59.15	53.72	55.34
Cd	0.41	0.41	0.33	0.31	0.32	0.22	0.27	0.24
Cl	78.82	98.25	76.77	75.82	97.24	79.48	90.64	95.60

续表 7-26

元素	柴湖镇		丰乐镇		胡集镇		文集镇	
	旱地	水田	旱地	水田	旱地	水田	旱地	水田
Co	17.70	17.59	16.08	16.78	16.03	14.73	16.14	16.58
Cr	88.67	88.44	75.65	80.64	77.67	75.79	77.19	79.94
Cu	37.58	37.18	31.19	32.15	31.47	28.61	29.78	29.94
F	730.44	738.12	652.38	694.20	679.48	701.77	652.84	652.49
Ge	1.42	1.41	1.42	1.42	1.42	1.39	1.44	1.46
Hg	0.05	0.05	0.05	0.05	0.05	0.08	0.04	0.05
I	1.79	2.17	1.58	1.87	1.82	1.74	1.69	1.91
Mn	879.83	845.80	800.60	816.59	780.39	626.43	742.00	682.38
Mo	1.34	1.26	1.11	1.01	1.10	0.82	1.12	1.00
N	1 348.21	1 475.04	1 350.26	1 560.00	1 421.89	1 590.10	1 063.39	1 441.15
Ni	43.92	44.25	36.53	39.45	37.35	33.66	36.31	37.25
P	853.89	859.65	948.32	936.23	1 042.49	1 038.16	782.42	752.07
Pb	25.92	25.91	24.66	26.75	26.13	28.84	23.71	26.54
S	220.40	274.63	212.45	245.70	237.05	296.56	194.60	289.27
Se	0.39	0.39	0.34	0.30	0.35	0.29	0.33	0.31
Sr	130.63	131.94	135.82	117.10	116.74	90.44	1.45	0.00
V	1.13	0.00	0.00	0.00	7.60	20.31	117.61	115.84
Zn	105.26	103.52	89.62	90.37	87.68	74.69	82.41	79.09
SiO_2	59.21	58.05	63.02	62.16	63.71	66.71	63.99	64.28
Al_2O_3	0.16	0.00	14.28	15.11	14.35	13.60	14.58	15.19
TFe_2O_3	6.66	6.79	5.68	6.04	5.73	5.37	5.40	5.61
MgO	2.40	2.43	2.09	2.01	1.94	1.39	2.07	1.81
CaO	2.53	2.74	2.41	2.04	2.11	1.34	2.53	1.95
Na_2O	1.48	1.44	1.63	1.34	1.46	1.20	1.64	1.39
K_2O	2.84	2.88	2.67	2.77	2.60	2.31	2.47	2.37
有机质	34.21	39.37	19.53	23.25	20.40	25.72	26.71	39.72
pH	7.90	7.90	7.89	7.70	7.41	6.83	7.66	7.14

注：含量单位 As～Zn 为 μg/g；氧化物为％；有机质为 g/kg；pH 值为无量纲。

表 7-27 张集等地区土壤元素含量平均值统计表

元素	东桥镇		客店镇		张集镇		全区耕地
	旱地	水田	旱地	水田	旱地	水田	
As	15.01	12.42	18.48	10.06	15.20	10.15	12.05
B	65.18	65.22	61.80	63.10	66.08	58.58	63.51
Cd	0.13	0.15	0.27	0.22	0.18	0.18	0.18
Cl	69.21	86.70	59.27	57.71	75.69	100.63	80.13
Co	20.97	17.61	16.96	15.47	18.46	15.96	17.20
Cr	91.00	83.79	82.53	77.67	90.20	84.19	83.29
Cu	29.08	28.46	34.52	30.87	31.59	28.59	29.30
F	655.45	625.17	849.09	621.63	791.45	565.85	626.78
Ge	1.56	1.50	1.37	1.45	1.51	1.49	1.49
Hg	0.06	0.08	0.09	0.09	0.04	0.08	0.08
I	2.84	1.23	2.19	1.13	1.86	1.31	1.42
Mn	825.58	488.66	798.21	493.06	699.09	479.49	535.20
Mo	1.06	0.93	1.36	1.29	1.05	0.98	1.04
N	1 331.23	1 889.88	1 868.76	1 955.64	1 619.45	1 991.16	1 862.02
Ni	40.29	36.35	43.35	37.90	45.15	39.89	37.99
P	533.61	603.94	1 111.10	666.58	620.55	581.86	625.70
Pb	32.26	31.57	33.63	28.64	29.85	27.67	30.43
S	189.77	324.38	292.88	316.52	221.64	294.40	302.21
Se	0.22	0.23	0.28	0.27	0.26	0.24	0.24
Sr	0.00	0.00	61.39	59.67	0.00	0.00	14.84
V	115.21	106.63	0.00	0.00	112.94	104.17	80.71
Zn	70.13	69.30	94.30	89.66	86.61	80.55	76.61
SiO_2	64.93	66.77	61.05	66.11	64.86	66.96	66.25
Al_2O_3	15.51	14.50	15.09	14.14	14.98	13.89	14.45
TFe_2O_3	6.44	5.73	6.19	5.53	5.91	5.15	5.68
MgO	1.20	1.12	2.21	1.45	1.51	1.37	1.28
CaO	0.64	0.75	2.04	1.01	0.72	0.66	0.83
Na_2O	0.64	0.68	0.52	0.63	0.55	0.74	0.67
K_2O	2.31	2.25	2.74	2.67	2.80	2.38	2.39
有机质	26.01	39.76	30.35	30.93	41.85	55.15	38.80
pH	6.01	6.14	7.37	6.42	6.12	5.88	6.19

注：As～Zn 含量单位为 μg/g；氧化物为％；有机质为 g/kg；pH 值为无量纲。

进一步对土壤微量元素与研究区长寿综合指数进行相关分析(图 7-26),可以发现,研究区土壤 Se、Sr、Zn、Mg 与长寿指数均呈显著正相关,相关系数分别为 0.611、0.576、0.540、0.627。

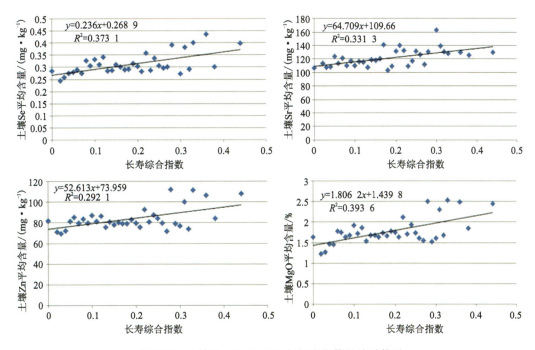

图 7-26　土壤 Se、Sr、Zn、Mg 与长寿指数相关系数图

(四)长寿地区与其他地区农作物微量元素分析

1. 粮食作物中微量元素含量

由表 7-28 可见,长寿区大米中 Se、Cu、Fe、Sr 元素含量显著高于其他地区,Cd、Hg、Cr 显著低于其他地区,其他元素含量差异不大。小麦面粉中 Se、Mo、Ca、Co 元素含量长寿区明显高于其他地区,其中 Se 平均含量是其他地区的 3.8 倍,Hg 明显低于其他地区;玉米中 Se、Cr、Co、Mo、Cu、Zn 元素长寿区显著高于其他地区,Hg 明显低于其他地区。

表 7-28　粮食作物中元素含量平均值统计表

元素	稻米		小麦面粉		玉米	
	长寿区	其他地区	长寿区	其他地区	长寿区	其他地区
Pb/($\mu g \cdot g^{-1}$)	0.06	0.05	0.06	0.06	0.07	0.05
Cd/($ng \cdot g^{-1}$)	49.15	74.47	29.91	25.31	9.19	10.29
Hg/($ng \cdot g^{-1}$)	3.97	5.55	2.59	5.33	2.78	4.31
As/($\mu g \cdot g^{-1}$)	0.19	0.23	0.04	0.04	0.04	0.04
Cr/($\mu g \cdot g^{-1}$)	0.24	0.35	0.11	0.09	0.15	0.09

续表 7-28

元素	稻米		小麦面粉		玉米	
	长寿区	其他地区	长寿区	其他地区	长寿区	其他地区
Se/($\mu g \cdot g^{-1}$)	0.06	0.04	0.19	0.05	0.08	0.03
Co/($\mu g \cdot g^{-1}$)	0.01	0.02	0.01	0.01	0.01	0.01
Ni/($\mu g \cdot g^{-1}$)	0.39	0.37	0.11	0.11	0.27	0.27
Cu/($\mu g \cdot g^{-1}$)	3.26	2.83	2.28	2.44	2.28	1.91
Zn/($\mu g \cdot g^{-1}$)	17.65	18.89	8.69	10.06	22.71	19.15
Mo/($\mu g \cdot g^{-1}$)	0.74	0.69	0.34	0.22	0.50	0.40
Fe/($\mu g \cdot g^{-1}$)	11.85	8.84	26.07	29.40	17.07	15.89
Mn/($\mu g \cdot g^{-1}$)	22.38	20.94	8.61	8.63	6.35	5.60
Ca/%	0.01	0.01	0.03	0.02	0.01	0.05
K/%	0.23	0.26	0.18	0.19	0.42	0.42
Mg/%	0.10	0.11	0.03	0.03	0.11	0.10
P/%	0.27	0.29	0.12	0.13	0.31	0.29
S/%	0.12	0.12	0.13	0.12	0.13	0.13
Sr/($\mu g \cdot g^{-1}$)	0.51	0.35	—	—	—	—
Ge/($\mu g \cdot g^{-1}$)	12.73	12.65	—	—	—	—

2. 油菜中微量元素含量

由表 7-29 可见,长寿区油菜籽中有益元素 Se、Mo、S 元素含量极显著高于其他地区,其中 Se 平均含量是其他地区的 11.8 倍,Co、Ni 则低于其他地区,其他元素含量差异不大。花生中 Se、Co、Ni、Mn、Ca 的含量长寿区明显高于其他地区,Fe 相对较低,其他元素含量差异不大。

表 7-29 油菜中元素含量平均值统计表

元素	油菜		元素	油菜	
	长寿区(31)	其他地区(12)		长寿区(31)	其他地区(12)
Pb/($\mu g \cdot g^{-1}$)	0.10	0.05	Mo/($\mu g \cdot g^{-1}$)	0.44	0.36
Cd/($\mu g \cdot g^{-1}$)	70.29	63.79	Fe/($\mu g \cdot g^{-1}$)	57.12	51.17
Hg/($\mu g \cdot g^{-1}$)	1.34	1.53	Mn/($\mu g \cdot g^{-1}$)	33.44	29.85
As/($\mu g \cdot g^{-1}$)	0.05	0.04	Ca/%	0.51	0.47
Cr/($\mu g \cdot g^{-1}$)	0.32	0.42	K/%	0.78	0.82
Se/($\mu g \cdot g^{-1}$)	0.70	0.06	Mg/%	0.30	0.35

续表 7-29

元素	油菜		元素	油菜	
	长寿区(31)	其他地区(12)		长寿区(31)	其他地区(12)
Co/($\mu g \cdot g^{-1}$)	0.03	0.06	P/%	0.73	0.77
Ni/($\mu g \cdot g^{-1}$)	0.34	0.80	S/%	0.73	0.52
Cu/($\mu g \cdot g^{-1}$)	3.47	3.01	Zn/($\mu g \cdot g^{-1}$)	39.40	40.10

3. 蔬菜中微量元素含量

由表 7-30 可知,长寿区白菜中有益元素 Cu、Se、S、Fe、Cr 元素含量极显著高于其他地区,其中 Cu、Se 平均含量是其他地区的 7 倍、4 倍,其他元素含量差异不大。萝卜中 Se、Ni、Cu、Fe、Ca、S 的含量长寿地区明显高于其他地区,Mn、Co 相对较低,其他元素含量差异不大。

表 7-30 蔬菜中元素含量平均值统计表

元素	白菜		萝卜	
	长寿区	其他地区	长寿区	其他地区
Pb/($\mu g \cdot g^{-1}$)	0.16	0.01	0.03	0.01
Cd/($ng \cdot g^{-1}$)	16.18	8.63	22.53	5.44
Hg/($ng \cdot g^{-1}$)	0.20	0.19	0.33	0.29
As/($\mu g \cdot g^{-1}$)	0.004	0.00	0.004	0.00
Cr/($\mu g \cdot g^{-1}$)	0.03	0.02	0.02	0.02
Se/($\mu g \cdot g^{-1}$)	0.01	0.00	0.01	0.00
Co/($\mu g \cdot g^{-1}$)	0.01	0.01	0.02	0.03
Ni/($\mu g \cdot g^{-1}$)	0.07	0.06	0.07	0.05
Cu/($\mu g \cdot g^{-1}$)	2.73	0.39	1.13	0.27
Zn/($\mu g \cdot g^{-1}$)	3.91	2.71	2.03	2.12
Mo/($\mu g \cdot g^{-1}$)	0.07	0.09	0.04	0.04
Fe/($\mu g \cdot g^{-1}$)	4.34	3.37	2.16	1.59
Mn/($\mu g \cdot g^{-1}$)	1.37	1.54	1.07	2.09
Ca/%	0.04	0.04	0.04	0.03
K/%	0.25	0.22	0.22	0.24
Mg/%	0.01	0.01	0.01	0.01
P/%	0.05	0.04	0.03	0.02
S/%	0.05	0.04	0.04	0.04

另外,对钟祥地区特色健康食品葛根也进行了取样分析,得到葛根在不同地区的元素含量值,典型长寿区与其他地区的平均含量比值如图 7-27 所示。

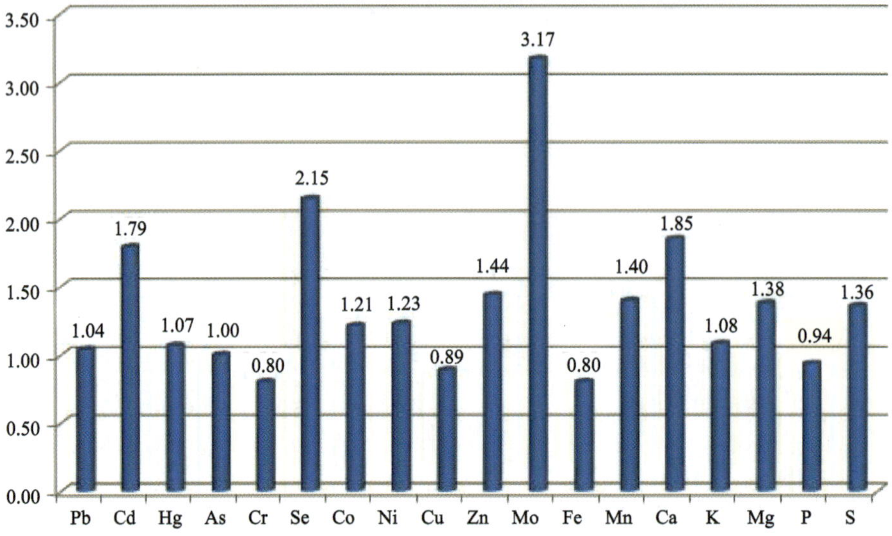

图 7-27 长寿区与其他地区葛根元素含量比值图

葛根中有益元素 Mo、Se、Ca、Zn、Mn、Mg、S 等显著高于其他地区,其中 Mo、Se 平均含量是其他低长寿区的 3 倍、2 倍,其他元素含量差异不大。

三、长寿人群与环境微量元素关系探讨

(一)长寿区与低长寿区各介质微量元素含量差异分析

根据 1990 年 FAO、IAEA、WHO 3 个国际组织的专家委员会界定必须微量元素的定义:人体必需微量元素共 8 种,包括 I、Zn、Se、Cu、Mo、Cr、Co、Fe;人体可能必需的元素共 5 种,包括 Mn、Si、B、V、Ni。非必需的微量元素有 F、Pb、Cd、As、Al、Sn、Hg 等。

长寿区与其他地区相比较,元素含量差异比较明显,且地域分布差异显著。饮用水中长寿区所检测的几种元素中 Se、Sr、Li 的含量显著高于其他地区,其中长寿水源地中的 Sr 含量达到了矿泉水标准。有研究表明:Sr 元素可降低心血管的死亡率,Se 元素与人体健康长寿有关,而适量的 Li 元素能改善造血功能,提高人体免疫机能。

将上述饮用水、土壤、农产品中微量元素进行综合统计,对比分析钟祥市典型长寿区与其他区的元素含量差异,结果见表 7-31。

表 7-31 各介质微量元素含量统计一览表

环境介质	长寿区>其他地区		长寿区<其他地区	
	有益元素	有害元素	有益元素	有害元素
饮用水	Se、Sr、Li			
旱地	Sr、Se、Ca、Na、Mg、P、Cl	Cd	I	Pb、As

续表 7-31

环境介质	长寿区＞其他地区		长寿区＜其他地区	
	有益元素	有害元素	有益元素	有害元素
水田	Sr、Se、Ca、Na、Mg、P、I、Mn	Cd		Hg
水稻	Se、Cu、Fe、Sr		Co	Cd、Hg
小麦	Se、Mo、Ca、Co			Hg
玉米	Se、Cr、Co、Mo、Cu、Zn	Pb	Ca	Hg
油菜籽	Se、Mo、S	Pb	Co	Hg
花生	Cu、Se、S、Fe、Cr	Pb		
白菜	Se、Ni、Cu、Fe、Ca、S	Pb	Co	
萝卜	Mo、Se、Ca、Zn、Mn、Mg、S		Fe	
葛根	Se、Sr、Li			

在粮食作物中具有显著性差异的元素是 Se、Sr、Mo、Ca、Cu、Zn，含量均高于其他地区。不同作物人体必需微量元素具有较大差异，其中 Se、Mo 元素在油料作物中都表现出显著性差异，Cu、Se、Fe、S 元素在蔬菜中具有显著性差异。钟祥特产葛根中 Mo、Se、Ca、Zn、Mn、Mg、S 在长寿区明显富集。作物中有害元素 Pb、Hg、As 在长寿地区要显著性低于其他地区。

土壤中微量元素的分布也具有显著性差异，总体上 Se、Sr、P、Mn、I、Zn、Mg、Ca、Na 长寿区要高于其他地区，其中 Mn、I 只在水稻土中富集明显。土壤中 V、Al、Hg 等元素的含量长寿地区要低于其他地区，土壤中 Se、Sr、P、Mn 等元素含量在其他地区明显偏低。但在长寿区土壤中，Cd 含量也相对较高，说明了长寿区土壤中 Se、Cd 同源的本质。

（二）钟祥地区长寿关联微量元素谱探讨

在影响健康长寿的主要因素中，遗传因素难以解释长寿人口这种局域性聚集现象。这里有个典型的例子：1968 年，由于丹江口水利工程建设需要，由河南淅川县移民 43 989 人到钟祥市所辖柴湖镇定居，当时迁来时没有一名百岁老人。40 年后的 2008 年钟祥移民中有 7 名百岁老人，而同时期淅川县的 64 万人，只有 4 名百岁老人。迁至钟祥柴湖的移民与淅川本地人比较，百岁老人呈显著增长，充分显示长寿聚集地域的优越性。

俗话说"一方水土养一方人"，因此，钟祥市长寿人口的这种聚集现象不能不使人联想到与环境的基本单元——土壤之间的某种联系。土壤中的微量元素，特别是人体所必需的微量元素，摄取含量虽少，但对人体的生物化学过程却起着关键作用，它们为酶、激素、维生素、核酸的成分，维持生命的代谢过程，对人类健康和长寿的影响最大。

研究认为，长寿地区存在一个"地域优势微量元素谱"或称长寿谱，如广西巴马百岁老人具有高 Mn 低 Cu 特征，新疆和田百岁老人头发中 Mg、Al、Fe、Mn、Ba、Sr 含量明显高于常人，云南百岁老人具有高 Mn 高 Zn 特点，杭州萧山百岁老人具有高 Se 高 Zn 高 Cu 高 Fe 特征（秦俊法，2004）。这些研究表明，对人类寿命的影响是多种元素共同作用的结果，且微量元素在体内相互影响、拮抗和协同的生物学作用机制极其复杂。

通过对钟祥长寿人群聚居区饮用水源、粮食、土壤微量元素的分析发现,饮用水中 Se、Sr、Li 含量高,粮食中 Se、Cu、Fe、Sr、Mo、Zn 含量高,土壤中 Sr、Se、Ca、Na、Mg、P、I、Mn 含量高。另据中科院地理科学与资源研究所王五一等(1982)研究发现,钟祥市百岁老人头发中 Cu、Se、Sr、Zn 等微量元素含量较高,而 Cd、Cr、Pb 等元素的含量较低,推测这些元素的特定组合与本地长寿现象有密切联系。因此,本次研究认为:Se、Sr、Zn、Mg、Mn 是钟祥市长寿地域特色优势微量元素谱,也是人们抗病、延年益寿的重要微量元素的来源与保障。

通过本次研究,说明长寿地区的特色优势微量元素谱,钟祥市可依托"世界长寿之乡"的品牌,着力发掘长寿文化、特色资源、生态环境等优势,以健康消费带动经济增长,以保健产品研发、长寿旅游度假、养老保健服务构建长寿产业链,打造"世界养生名城"。

第四节 农业地质综合研究与应用

农业地质是地球科学与农业科学等学科相结合的综合应用性技术。而地质条件对农业生产无疑影响巨大,是农田生态系统重要的品质保证和先决条件。如何利用这些有利条件,提供"农业＋地质"科技创新与应用服务,使地质大数据建设与"乡村振兴"发展相关的土壤、农产品、生态环境等方面的高度融合。通过本次调查,充分发挥地质与地球化学手段的重要作用,查明作物与地质环境的内在联系,探索控制作物品质的特征化学元素(或组合),补足以往农业生产与可持续发展中的"地质背景短板",提高农业现代化发展的科学性。

在分析区内主要农产品对土壤养分需求特性的基础上,建立优质农产品地球化学产地模型,以此模型进行土地适宜性评价。通过本次调查所取得基础资料加以综合研究,集成了区内土地资源优势,以服务于农业产业发展规划、土地合理利用开发、生态环境保护等领域。

一、土壤养分自然丰缺综合分区

耕地种植适宜性包括土壤肥力、土壤质地、地形地貌等诸多因素,土壤肥力由土壤营养和有益元素丰缺状态确定,是农业土壤适宜性地球化学评价的关键组成。本次耕地种植适宜性评价主要从土壤肥力方面进行评价,选择区内对土壤肥力有重要影响的指标进行综合评价,综合前述土壤环境和农作物安全性评价成果,对土壤农业种植适宜性进行分区。

(一)评价标准和分级方案

本次评价采用客观事实,即实测样品分析数据,根据汉江流域经济区多目标地球化学调查报告中土壤养分适宜性评价指标的选择,以及国家或行业指定的丰缺适宜性标准进行丰缺两级划分,再依照各标准进行判别性合成,具体方法为:

(1)将评价元素含量按照国家规定的土壤养分分级的适宜级临界值作为判别值,求出各样点的指数。当综合指数大于1时,界定某点该指标为适宜—丰足—很丰足,小于1时界定为缺乏—严重缺乏,本次所用标准值见表7-32。

表 7-32 农业用地土壤适宜性分级临界值一览表

养分指标	标准值
有机质/%	2
氮/(mg·kg^{-1})	1000
全钾/(mg·kg^{-1})	15
全磷/(mg·kg^{-1})	600
全硼/(mg·kg^{-1})	50
交换性钙/(mg·kg^{-1})	700
CEC/(mmol·kg^{-1})	150

(2)依据紧密相关性及元素性质将有机质—氮、钾—钙两组采用平方根指数将其合成,平方根指数公式为

$$钾—钙指数 = SQRT[(钾^2 + 钙^2)/2]$$

$$有机质—氮指数 = SQRT[(有机质^2 + 氮^2)/2]$$

(3)根据判别结果分层叠合,先由有机质—氮、全钾—交换性钙、全磷 3 项指标利用其数值进行基础层判别,以突出有机质、氮、磷、钾丰缺分布特征,再分层叠合硼、CEC 指数值,最终以养分的自然分布评判图斑的土壤自然养分质量。

(二)土壤养分自然丰缺分区

本次根据最终筛选出的有机质—氮、全钾—交换性钙、全磷、全硼、CEC 5 个指标将全区划分出 27 种不同的分区,27 种分级码赋予意义及分级结果见表 7-33。

表 7-33 土壤养分指标丰缺分类统计表

编码	分区名称	面积/km²	比例/%
11	有机质氮磷钾钙硼 CEC 全面丰足区	904.30	43.17
12	有机质氮磷钾钙硼丰足区	260.33	12.43
13	有机质氮磷钾钙 CEC 丰足区	17.16	0.82
14	有机质氮磷钾钙丰足区	23.73	1.13
21	有机质氮钾钙硼 CEC 丰足区	565.74	27.01
22	有机质氮钾钙硼丰足区	43.50	2.08
23	有机质氮钾钙 CEC 丰足区	14.94	0.71
24	有机质氮钾钙丰足区	1.64	0.08
31	有机质氮磷硼 CEC 丰足区	2.15	0.10
32	有机质氮磷硼丰足区	0.73	0.03
34	有机质氮磷丰足区	2.82	0.13

续表 7-33

编码	分区名称	面积/km²	比例/%
41	磷钾钙硼 CEC 丰足区	32.67	1.56
42	磷钾钙硼丰足区	87.44	4.17
43	磷钾钙 CEC 丰足区	8.19	0.39
44	磷钾钙丰足区	79.77	3.81
51	有机质氮硼 CEC 丰足区	2.29	0.11
52	有机质氮硼丰足区	0.85	0.04
53	有机质氮 CEC 丰足区	0.23	0.01
54	有机质氮丰足区	0.23	0.01
61	钾钙硼 CEC 丰足区	34.33	1.64
62	钾钙硼丰足区	3.28	0.16
63	钾钙 CEC 丰足区	5.07	0.24
64	钾钙丰足区	1.19	0.06
72	磷硼丰足区	0.06	0
74	磷丰足区	2.18	0.10
81	硼 CEC 丰足区	0.07	0
84	有机质氮磷钾钙硼 CEC 多养分缺乏区	0.01	0
	合计	2 094.86	100

由表 7-33 可见,土壤养分自然丰缺分区以有机质氮磷钾钙硼 CEC 丰足区(11)面积最大(904.30km²),占农用地面积的 43.17%,其次是有机质氮钾钙硼丰足区(21),占农用地面积的 27.01%。

(三)农业土地适宜性等级区划

1. 分类原则

按照联合国粮农组织从土壤养分的角度对土地的宜耕性进行总体适宜性分区。将上述自然养分分类进一步归并,划分为适宜区、次适宜区、适量补素区和重点补素区共四类,本次匹配的原则如下。

适宜区:参与评价的 5 项指标指数全部大于 1。

次适宜区:参与评价的 5 项指标中有 4 项指数大于 1。

适量补素区:参与评价的 5 项指标中有 3 项指数大于 1。

重点补素区:其他。

按照上述原则将前述 27 项类别加以关联归类(表 7-34),并获得全区土地适宜性分区图。

第七章 成果应用与研究

表 7-34 土壤适宜性分区与丰缺分类关联表

类别	适宜分区	所含养分分区编码
1	适宜区	11
2	次适宜区	12、13、21、31、41
3	适量补素区	14、22、23、32、42、43、51、61
4	重点补素区	24、34、44、52、53、62、63、72、54、64、74、81、84

2. 评价结果

在以有机质—氮、全钾—交换性钙、全磷、阳离子交换量、全硼等 5 个土地质量最重要养分指标进一步分类归并,这 4 个级别,客观地表达了全区土壤养分综合分布状态,总体上显示钟祥地区农业种植适宜程度较高,且分布比较集中,构成了农业生产土壤主体,也保证了全区土地综合利用和农业发展的良好基础。各适宜区面积统计见表 7-35,评价结果见图 7-28。

表 7-35 农业土地适宜性分区统计表

指数范围	适宜程度	面积/km²	比例/%
Ⅰ级	适宜区	904.30	43.17
Ⅱ级	次适宜区	878.04	41.91
Ⅲ级	适量补素区	215.14	10.27
Ⅳ级	重点补素区	97.39	4.65
合计		2 094.86	100

1) 适宜区

高度适宜区即表示有机质、氮、磷、钾、交换性钙、硼、阳离子交换量全部丰足的农用地,并且以上述指标与其他有相关性联系的指标,如硫、镁、钼、锌、铜、硒、硅、铁等,也相应丰足。面积为 904.30km²,占农业用地面积的 43.17%,主要集中分布于胡集镇北东部和胡集镇南东部—磷矿镇北部一带,双河镇北西部一带,丰乐镇北部一带,冷水镇东南部—石牌镇大部地区,柴湖镇中南部地区以及洋梓镇官庄湖农场北西一带,其余乡镇也有零星分布。

2) 次适宜区

此分区面积为 878.04km²,占总面积的 41.91%,是区内分布面积较大的一个类别。按照组合,该类区由 5 个不同组合的区组成,其中编号 12 的为有机质氮磷钾钙硼丰足区组合,该类地 CEC 有所缺乏;编号 13 的为有机质氮磷钾钙 CEC 丰足区组合,属有效硼缺乏区;编号 21 的为有机质氮钾钙硼 CEC 丰足区组合,磷有所缺乏;编号 31 的为有机质氮磷硼 CEC 丰足区组合,钾、钙有所缺乏;编号 41 的为磷钾钙硼 CEC 丰足区,此类地区氮和有机质稍有不足。

其中编号 12 的有机质氮磷钾钙硼丰足区主要分布在沿汉江流域两侧的乡镇以及旧口镇中北部一带,其余地区零星分散;编号 21 的机质氮钾钙硼 CEC 丰足区主要分布于长寿镇、九

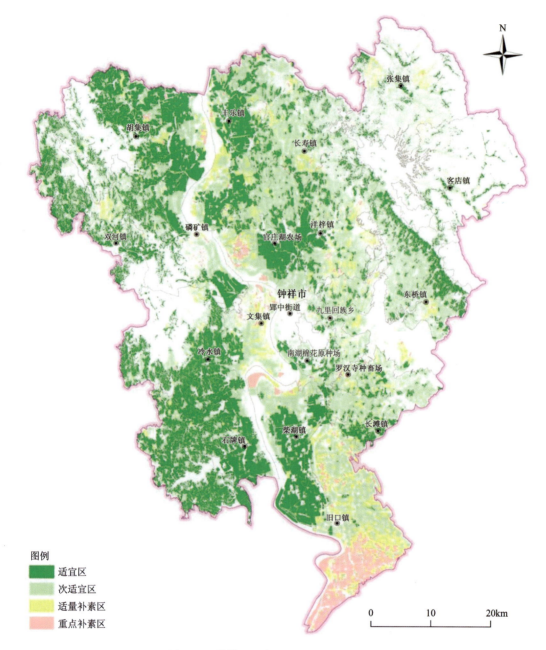

图 7-28 钟祥地区农业土地适宜性分区图

里回族乡、长滩镇、东桥镇大部分地区,其余乡镇呈小面积或零星分布,旧口地区则无分布,其余三类组合区分布面积较小。总体来看,区内中等适宜区发育,它包含了钟祥市主要的土壤类型,且以上述两类别为养分组成特点,构成了区内两大土壤养分体系。

3)适量补素区

此分区面积为 215.14km², 占总面积的 10.27%。该区自然养分包括 8 个组合区,其组合形式为单一指标中只有 3 个丰足,其他 2 个缺乏。组合类型以编号 22 的有机质氮钾钙硼丰足区较大,主要分布在汉江流域以东的长寿镇、张集镇、洋梓镇、东桥镇、长滩镇一带;其次是编号42组合类型磷钾钙硼丰足区主要分布于旧口镇,其他乡镇零星分布。总体来看,本区土壤都受到不同的条件所限制,造成某些养分的不足,但其同时也拥有部分养分优势,在一定程度上是次中等土壤类型,按照农作物生长需要适量补充所缺乏的养分。从空间上看,本区基本上都分布在汉江流域以东区域,汉江以西地区只有双河镇北东部一带为主要集中分布区,其余地区则零星分布。

4)重点补素区

即参与评价的指标中有3项指标都不满足需求,本区面积97.39km²,占总面积的4.65%,包括8个分级编号,单个面积分布有限,本区面积最大的组合是编号44的磷钾钙丰足区,有机质、硼和CEC不足,此区主要分布于旧口南部大部分地区。其余重点需要补充养分的地块零星分布在柴湖镇、丰乐镇、胡集镇、旧口镇、磷矿镇、文集镇、洋梓镇、长寿镇和长滩镇等地。

二、绿色农产品产地分区

(一)评价标准

参照《绿色食品产地环境质量标准》(NY/T 391—2013),水旱轮作区采用从严不从宽的标准限值,土壤肥力作为参考指标,用来确定绿色食品产地级别。绿色食品产地评价土壤环境质量要求界限值见表7-36。

表7-36 绿色食品产地土壤中各项污染物指标界限值要求

元素/pH值	<6.5	6.5~7.5	>7.5
Cd/(mg·kg^{-1})	≤0.3	≤0.3	≤0.4
Hg/(mg·kg^{-1})	≤0.25	≤0.3	≤0.35
As/(mg·kg^{-1})	≤20	≤20	≤15
Pb/(mg·kg^{-1})	≤50	≤50	≤50
Cr/(mg·kg^{-1})	≤120	≤120	≤120
Cu/(mg·kg^{-1})	≤50	≤60	≤60

参照《绿色食品产地环境质量标准》(NY/T 391—2013),本次肥力指标主要选择全氮、有效磷、速效钾、有机质和阳离子交换量(CEC)5个指标,土壤肥力的综合等级以5个指标中等级最低的单指标代替,分级标准见表7-37。

表7-37 绿色食品产地土壤肥力参考标准

项目	级别	旱地	水田	菜地
有机质/(g·kg^{-1})	Ⅰ	>15	>25	>30
	Ⅱ	10~15	20~25	20~30
	Ⅲ	<10	<20	<20

续表 7-37

项目	级别	旱地	水田	菜地
全氮/(g·kg^{-1})	Ⅰ	>1	>1.2	>1.2
	Ⅱ	0.8~1	1~1.2	1~1.2
	Ⅲ	<0.8	<1	<1
有效磷/(mg·kg^{-1})	Ⅰ	>10	>15	>40
	Ⅱ	5~10	10~15	20~40
	Ⅲ	<5	<10	<20
速效钾/(mg·kg^{-1})	Ⅰ	>120	>100	>150
	Ⅱ	80~120	50~100	100~150
	Ⅲ	<80	<50	<100
阳离子交换量/(cmol·kg^{-1})	Ⅰ	>20	>20	>20
	Ⅱ	15~20	15~20	15~20
	Ⅲ	<15	<15	<15

(二)绿色农产品产地分级

依据上述土壤污染限量和肥力标准进行统计分析,得到钟祥市绿色食品产地环境分区图,结果如图 7-29 所示。

1. AA 级绿色农产品产地

AA 级绿色农产品产地包括Ⅰ、Ⅱ级产地,即 AA 级绿色农产品产地有机质、全氮、全钾、全磷等指标均满足Ⅱ级产地要求,阳离子交换量基本上也满足Ⅱ级产地要求。区内 AA 级绿色农产品产地总面积达 952.80km²,占耕地的 45.48%。主要在长寿镇汤林塘村—丰乐镇丰岭村—官庄湖农场商湖分场、胡集镇彭湾村—磷矿镇吉庆村、冷水镇林岭村—石牌镇官堤村、九里回族乡李家台村—长滩镇金星村一带连片分布,在双河镇三同村—白云村、张集镇张畈村、东桥镇柳河村—清明村零星分布。

2. A 级绿色农产品产地

A 级绿色农产品产地按照标准定义是产地满足环境指标要求,而土壤养分指标不能满足要求的农田,划定为Ⅲ级绿色产地。全区面积 886.54km²,占总面积的 42.32%,区内 A 级绿色农产品产地广泛分布,主要集中分布区包括旧口镇和文集镇全域、长寿镇长寿村—刘畈村、胡集镇刘湾村—湖山村、双河镇石龙村—周坪村、冷水镇茄垱村—石牌镇白龙村、洋梓镇军营村—长滩镇付巷村、东桥镇岁湾村—沈集村一带,在张集镇徐家湾、黄祠村、客店镇邵集村、丰乐高庙村、洋梓镇中山村等地零星分布。

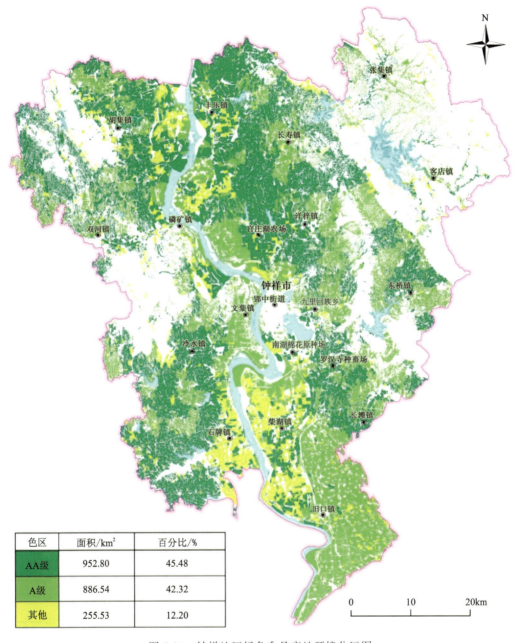

图 7-29　钟祥地区绿色食品产地环境分区图

3. 其他产地

其他产地指土壤环境指标超限量的田块。因为环境标准更为严格，区内绿色农产品产地限制区面积比无公害产地较大，达到 255.53km², 占耕地园地草地面积的 12.20%。主要分布在柴湖镇新联村—大同村—马北村—胜利村、石牌镇东部真武村—耿巷村、胡集镇陈营村—赵河村、丰乐镇合星村—毛套村, 在长寿镇汪湾村、张集镇宗家湾村、客店镇杨岭村等地零星分布，主要为土壤 Pb、As、Cd 超限制，通过农作物调查发现，本区农作物样品中有少量 Pb 超标样品，说明土壤中 Pb 的高量对农作物重金属累积造成了一定的影响。

三、泉水柑品质与产地环境适宜性研究

泉水柑是芸香科泉水柑属的一种水果，是极具地方特色的农产品。钟祥泉水柑以果大形美、肉嫩多汁、酸甜适口而闻名遐迩，并具有耐储藏、便运输等优点，有"果中贵族"之美称。2016 年，泉水柑获得国家农产品地理标志登记证书，钟祥泉水柑种植业已成为钟祥市农村经济的支柱产业之一。

（一）泉水柑产地环境概况

泉水柑主要产地位于钟祥市张集镇、长寿镇、洋梓镇、东桥镇、罗汉寺种畜场、温峡水库、石门水库等 7 个行政乡镇、水库、管理区，种植总面积约 40 000 亩，常年挂果 20 000 亩，总产量 2.6 万 t 左右。

1. 自然地理

通过对钟祥泉水柑主要种植地进行调查发现，其产地分布在海拔 350m 以下中、低山和高丘陵地带，气候特征具有四季分明、雨热共享、阳光充足、雨量充沛、无霜期长，年均日照时数，年均气温 15.9℃，年均降雨量 952.6mm。

2. 地层与岩性

泉水柑种植区的地层和岩性主要由白垩系红砂岩、志留系泥页岩及寒武系白云岩组成。丘陵区出露地层有下志留统新滩组（S_1x）和罗惹坪组（S_1lr），为一套泥质岩类组成，主要岩性为粉砂质页岩、粉砂质黏土岩、水云母页岩等；中寒武统覃家庙组（$\in_2q$），主要岩性为薄—中层状含藻屑砂屑白云岩、含燧石细晶白云岩夹藻纹层白云岩等。岗地区出露的地层为上白垩统红花套组（K_2h）和罗镜滩组（K_2l），是由砾岩、含砾长石石英砂岩、细粒长石石英砂岩、粉砂岩、巨厚层粗砾岩等岩性组成的一套碎屑岩类地层（图 7-30）。

3. 土壤类型与成土母质

种植泉水柑的土壤主要为黄棕壤土类，类型有板岩黄棕壤（71b）、红砂岩黄棕壤（71c）、石灰岩黄棕壤（71f）。土壤质地大多是砂黏土、砂质壤土或黏壤土；土壤结构良好，土层较厚，通气保水性能好；广泛分布在中酸性土壤区，有机质含量高，适宜钟祥泉水柑生长。

板岩黄棕壤（71b）：主要分布在丘陵区，母质为下志留统新滩组和罗惹坪组泥页岩。质地为黏壤土，土层厚度中等，泉水柑种植区较多。

红砂岩黄棕壤（71c）：分布在岗地区，母质为上白垩统红花套组和罗镜滩组的碎屑岩。土壤砂性重，质地轻，多为砂壤土，其通透性强，吸收性能差，有机质积累少，养分缺乏，泉水柑种植区域一般。

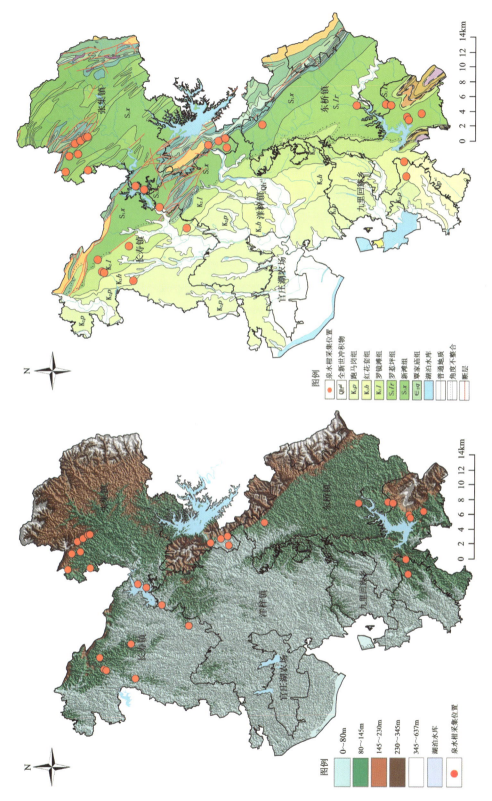

图7-30 钟祥市泉水柑种植区地形地貌及区域地质简图

石灰岩黄棕壤(71f)：主要分布在丘陵区，母质为中寒武统覃家庙组的砂屑白云岩、泥质白云岩。土体内有较多的大小不一的岩石碎屑，易形成石渣子土。其风化母质上发育的土壤质地黏重，泉水柑种植较少。

4. 地质背景及分布特征

依据《钟祥泉水柑地理标志质量控制技术规范》，泉水柑适宜生长于土层深厚（活土层＞60cm）、水源充足、排灌方便、土质松软肥沃，有机质含量＞1.5%，pH值在5.5～6.5的酸性土壤中。

种植分布上有两个明显的地域：一是海拔在100～170m的丘陵地带，土壤类型为板岩黄棕壤和石灰岩黄棕壤，目前该地域泉水柑种植最多；二是海拔在55～100m的岗地地带，土壤类型为红砂岩黄棕壤。因此，选择海拔在100～200m、坡度在25°以下的丘陵、岗地中种植泉水柑较为适宜。

表7-38列出了不同地质背景条件下泉水柑的分布情况，泉水柑的产地及其品质对地层（岩性）具有选择性，在不同地貌条件和地层、岩石背景中，生长及品质不尽相同。

表7-38　不同地质背景条件下泉水柑的分布情况

地层		岩性	分布范围	主要土壤类型	泉水柑种植数量及品质
上白垩统	红花套组	砾岩、含砾长石石英砂岩、细粒长石石英砂岩、粉砂岩	岗地	红砂岩黄棕壤	种植中等，品质好
	罗镜滩组	冲积扇沉积体：块状角砾岩、巨厚层粗砾岩，夹岩屑砂岩			
下志留统	罗惹坪组	粉砂质页岩、粉砂岩夹细砂岩	丘陵	板岩黄棕壤	种植较多，品质好
	新滩组	粉砂质页岩、粉砂质黏土岩、水云母页岩			
中寒武统	覃家庙组	砂屑白云岩、泥质白云岩	丘陵	石灰岩黄棕壤	种植较少，品质好

注：泉水柑种植数量是按样品分布的不同地层得出，泉水柑品质按《鲜柑橘》(GB/T 12947—2008)中理化指标得出。

(二) 泉水柑产地元素地球化学特征

1. 土壤元素地球化学特征

土壤中元素含量在不同的背景区是有差别的，根据地质背景及土壤与成土母质的关系，可将本区分为泥质岩类风化物、碎屑岩类风化物、碳酸盐岩类风化物3个土壤地球化学区。其中，泥质岩类风化物为板岩黄棕壤，成土母质以泥页岩为主；碎屑岩类风化物以红砂岩黄棕壤为主，成土母质为砾岩、砂岩等；碳酸盐岩类风化物为石灰岩黄棕壤，成土母质为白云岩。表7-39为这3个不同成土母质区的土壤（根系土）和土壤有效态（对应根系土）中元素的变化特征。

表 7-39 泉水柑产地不同成土母质土壤地球化学特征

元素	泥质岩类风化物 均值	碎屑岩类风化物 均值	碳酸盐岩类风化物 均值
Co	18.65	19.94	17.08
Cu	36.95	34.21	33.11
Mn	840	871	749
Mo	1.12	1.16	1.22
P	1099	1226	1425
S	232	359	506
Se	0.32	0.36	0.34
Zn	92.12	91.94	91.40
TFe_2O_3	64 500	63 400	58 600
MgO	18 400	18 900	21 000
CaO	15 500	16 500	17 200
K_2O	26 600	25 300	26 100
速效 K	31.13	34.08	42.44
水解性氮	149.21	154.41	150.40
有效磷	63.47	37.58	54.89
有效硼	0.28	0.38	0.33
有效钼	0.13	0.09	0.15
有效铜	2.48	1.41	2.36
有效铁	135.48	85.89	84.02
有效锰	90.64	87.10	119.19
有效锌	5.20	3.04	5.09
交换性钙	2766	2835	3796
交换性镁	472	479	536
有效硒	0.007 7	0.006 8	0.007 8
CEC	18.48	19.52	23.88
有机质	2.81	1.60	2.39
pH	5.55	5.11	5.63

注:Co~有效硒单位为 mg/kg;CEC 为 cmol/kg;有机质为%;pH 值为无量纲。

从表 7-39 中可见,泥质岩类风化物土壤元素含量除 Cu、Zn、Fe、K、有效磷、有效铜、有效铁、有效锌、有机质为全区最高外,Mn、Mg、Ca、有效钼、有效锰、有效硒最低,其余元素含量中等;碎屑岩类风化物土壤元素仅有 Co、Mn、Se、水解性氮、有效硼元素含量全区最高;碳酸盐岩类土壤元素 Co、Cu、Mn、Zn、Fe、有效铁含量全区最低,而全 Mo、P、S、Mg、Ca、速效 K、有效钼、有效锰、交换性钙镁、有效硒、CEC、pH 高居全区首位。《钟祥泉水柑地理标志质量控制技术规范》仅对土壤有机质(＞1.5％)和 pH 值(5.5～6.5)作了具体要求,通过对比发现,泥质岩类风化物的成土母质有机质均值含量最高,含量为 2.81％,其次为碳酸盐岩类风化物成土母质,均值含量为 2.39,碎屑岩类风化物成土母质中有机质含量最低,为 1.60％;3 个不同成土母质区土壤 pH 值均呈酸性,如按 pH 值大小来计,碳酸盐岩类风化物成土母质土壤中 pH 值更接近泉水柑地理标志质量控制技术规范中的标准值,泥质岩类风化物成土母质 pH 值仅略高于技术规范标准值,而碎屑岩类风化物成土母质中 pH 值为 5.11,低于技术规范要求的标准值。

另外,土壤中氮、磷、钾的含量也是决定泉水柑产量和品质的一个重要因素。丰产泉水柑不仅需要较多的氮磷钾供应,而且需要较高的氮、钾比例。泉水柑种植园土壤氮、磷、钾的丰缺状况可以作为施肥时确定氮、磷、钾肥用量的参考。速效钾均值含量在 31.13～42.44mg/kg,通过与全国第二次土壤普查养分等级划分标准对比发现,3 个不同成土母质中均属五等缺乏状态;水解氮均值含量在碎屑岩类和碳酸盐岩类母质中均为一等丰富水平,泥质岩类母质中属二等较丰富水平;而有效磷中,泥质岩类和碳酸盐岩类成土母质为一等丰富水平,碎屑岩类母质中为二等较丰富水平。

2. 泉水柑品质分析

表 7-40 是《鲜柑橘》(GB/T 12947—2008)中理化指标标准,通过对比,区内泉水柑品质均符合甜橙类优等果指标。

表 7-40　鲜柑橘理化指标

项目	优等果		一等果		二等果	
	甜橙类	宽皮橙类	甜橙类	宽皮橙类	甜橙类	宽皮橙类
可溶性固形物/％	≥10.5	≥10.0	≥10.0	≥9.5	≥9.5	≥9.0
总酸量/％	≤0.9	≤0.95	≤0.9	≤1.0	≤1.0	≤1.0
固酸比	≥11.6	≥10.0	≥11.1	≥9.5	≥9.5	≥9.0

注:数据来源于《鲜柑橘》(GB/T 12947—2008)。

泉水柑的品质特征见表 7-41,泉水柑含总糖 11.15％,总酸 0.68％,维生素 C 364mg/kg,可溶性固溶物高,平均为 13.15％,最高达 14.90％,固酸比 19.53;另有些营养元素在泉水柑中的含量变化不大,变异系数均小于 0.5％。

表 7-41　泉水柑含量及品质特征

泉水柑	最小值	最大值	均值	变异系数
总糖	9.76	12.66	11.15	0.08
总酸	0.50	0.83	0.68	0.13
可溶性固溶物	11.5	14.9	13.15	0.08
固酸比	15.74	22.82	19.53	0.10
维生素 C	284	441	364	0.12
Ca	0.010	0.061	0.025	0.376
K	0.095	0.212	0.135	0.230
Mg	0.009	0.016	0.012	0.139
P	0.012	0.022	0.016	0.197
S	0.007	0.014	0.010	0.167
Cu	0.240	0.595	0.382	0.242
Zn	0.334	1.141	0.638	0.306
Mo	0.010	0.010	0.010	—
Fe	0.491	1.779	1.203	0.305
Mn	0.300	1.101	0.493	0.407

注：总糖～可溶性总固体单位为％；固酸比为可溶性固溶物与总酸的比值，单位为％；维生素 C 为 mg/kg；Ca～S 为％，Cu～Mn 为 mg/kg。

3. 泉水柑品质相关性分析

1）不同土壤类型对泉水柑品质的影响

表 7-42 是不同土壤类型上泉水柑品质的比较，从表中可以看出，岗地分布地区的红砂岩黄棕壤上种植的泉水柑果实中总糖及维生素 C 的含量远较其他土壤上的高，丘陵分布地区的石灰岩黄棕壤上种植的泉水柑果实中总酸及可溶性固体的含量远较其他土壤上的高。

表 7-42　不同土壤类型泉水柑品质

分布	地层	土壤类型	样品数量	总糖量/％	总酸量/％	可溶性固形物/％	固酸比	维生素 C/(mg·kg^{-1})
岗地	白垩系	红砂岩黄棕壤	3	12.13	0.69	13.17	19.03	369
丘陵	志留系	板岩黄棕壤	5	10.73	0.65	12.84	20.15	361
丘陵	寒武系	石灰岩黄棕壤	2	10.76	0.74	13.90	18.75	363

注：《鲜柑橘》(GB/T 12947—2008)中优等果(甜橙类)的理化指标，可溶性固形物(％)≥10.5，总酸量≤0.9，固酸比(％)≥11.6。

水果的质量一般用固酸比的含量来表达,对比不同土壤类型中种植的泉水柑固酸比发现,在丘陵地带志留系中种植的泉水柑,其固酸比最高,比值为20.15,其次为岗地白垩系中红砂岩黄棕壤,寒武系石灰岩黄棕壤固酸比最低。

2)土壤有效态对泉水柑品质的影响

通过泉水柑品质理化性质与土壤有效态相关分析(表7-43)发现,泉水柑品质中总糖、总酸、可溶性固形物的含量主要与K、N、P、B、Ca、Se相关,其中与K、B、Se呈中强正相关,增加K、B、Se值可使总糖增加,总酸降低,并提高泉水柑可溶性固体物含量,从而提高泉水柑的品质;而维生素C含量主要与Mo、Cu、Fe、Mn、Zn、Ca和pH值相关,Mo和Cu呈中强正相关,适量增加Mo、Cu值,可提高维生素C含量,而pH值提高也可使泉水柑中维生素C含量增加,提高泉水柑品质。

水果中的酸含量对其风味有很大影响。随着水果的成熟,其中的可溶性固形物含量升高而酸的含量减少,水果风味得到较大提升,可用可溶性固形物和总酸含量的比值(简称固酸比)来评价水果果实风味和成熟程度。因此,分别计算泉水柑中固酸比与土壤有效态、pH的相关系数,相关系数越大,说明该元素与固酸比两者的显著性越好。

表7-43 土壤有效态与泉水柑品质的相关分析

项目	总糖	总酸	可溶性固形物	维生素C	pH
K	0.307	0.434	0.207	−0.201	0.478
N	0.469	0.137	0.166	0.063	−0.377
P	−0.233	0.592	0.169	−0.63	0.043
B	0.573	0.368	0.504	−0.184	0.043
Mo	−0.189	−0.799	−0.476	0.484	−0.363
Cu	−0.441	−0.748	−0.716	0.32	0.182
Fe	−0.468	−0.538	−0.562	0.219	−0.021
Mn	−0.121	0.056	0.119	0.124	0.283
Zn	−0.266	−0.247	−0.167	0.157	−0.615
Ca	0.374	0.202	0.688	−0.078	−0.418
Mg	0.189	−0.214	−0.171	−0.042	−0.409
CEC	−0.058	0.5	0.186	−0.42	−0.449
Se	0.609	0.193	0.779	−0.069	−0.604
pH	0.113	−0.316	−0.11	0.328	−0.032

泉水柑固酸比和土壤有效态元素含量相关统计显示(表7-44),泉水柑固酸比和土壤有效态中Mo、Cu、Fe、Mn、Zn、Ca、Mg、Se含量和pH值呈正相关,其中Mo、Cu、Se相关性最好;N、K、P、B、Mn、CEC含量呈负相关。

表 7-44　泉水柑固酸比与土壤有效态、pH 的相关分析

有效态	K	N	P	B	Mo	Cu	Fe
固酸比	－0.43	－0.04	－0.565	－0.077	0.719	0.426	0.264
有效态	Mn	Zn	Ca	Mg	CEC	Se	pH
固酸比	－0.019	0.19	0.299	0.164	－0.43	0.357	0.328

通过综合分析显示,泉水柑中的固酸比值直接受到总酸和可溶性固体物含量影响,提高土壤中 N、P、K、B、Ca、Se 元素含量,可对泉水柑中总糖、总酸、可溶性固体物的品质有重要影响,从而提高泉水柑中的固酸比。另外,影响泉水柑中维生素 C 和固酸比还受到土壤中 Mo、Cu、Fe、Mn、Zn 和 pH 值的影响。

(三)泉水柑产地地质环境适宜性分区

1. 评价指标

农业地质环境是影响泉水柑分布和品质的关键因素。通过调查分析,影响泉水柑适应性地质环境的有地层、地形地貌、土壤类型、地球化学特征等几个主要因素,结合野外调查,在对各要素因子进行适应性评价后,可把各因子分为最适宜区(Ⅰ)、较适宜区(Ⅱ)和不适宜区(Ⅲ)三级。采用 ArcGIS 的空间分析工具对泉水柑适生的地质条件:地层、地形地貌、土壤类型、地球化学特征的单因素适应性评价图进行空间叠置分析,取各单因素的最佳适宜性评价结果作为综合评价的最终结果(表 7-45)。

表 7-45　钟祥泉水柑产地地质环境适宜性评价标准

评价指标		最适宜区(Ⅰ)	较适宜区(Ⅱ)	不适宜区(Ⅲ)
自然地貌	气候	相同	相同	相同
	地形地貌	丘陵	岗地	山地、平原
	海拔/m	100～200	50～100	其他
地层	系	志留系、寒武系	白垩系	其他
	组	新滩组、罗惹坪组、覃家庙组	红花套、罗镜滩	其他
	岩性	泥页岩、泥质白云岩	红砂岩、砾岩	其他
土壤条件	成土母质	泥质岩类、碳酸盐岩类风化物	红砂岩类风化物	其他
	土壤类型	板岩黄棕壤、石灰岩黄棕壤	红砂岩黄棕壤	其他
	土壤质地	黏壤土	砂壤土	其他
	土层厚度/cm	＞60	＞60	—
	有机质/%	＞1.5	＞1.5	—
	pH 均值	5.50～6.50	5.50～6.50	—

续表 7-45

评价指标		最适宜区（Ⅰ）	较适宜区（Ⅱ）	不适宜区（Ⅲ）
地球化学特征	泉水柑中固酸比	＞20	18～20	—
	土壤有效态有利元素[①]	有效硒、有效铜	有效硒、有效铜	—
	有效硒含量 μg/kg	＞7.0	＜7.0	—
	有效铜含量 mg/kg	＞4.5	＜4.5	—

注：按照《钟祥泉水柑地理标志质量控制技术规范》要求，泉水柑土层厚度＞60cm，有机质含量＞1.5％，土壤 pH 值 5.5～6.5；①通过泉水柑中理化指标固酸比与土壤有效态相关性得出。

2. 钟祥地区泉水柑适宜性分区

全区圈出 6 个主要最适宜区和 2 个较适宜区（图 7-31），全部分布在钟祥市以东，具体优选区分布如下（表 7-46）：①长寿镇泉水柑种植最适宜区（Ⅰ-1）；②张集镇—洋梓镇泉水柑种植最适宜区（Ⅰ-2）；③长寿镇—洋梓镇泉水柑种植最适宜区（Ⅰ-3）；④张集镇泉水柑种植最适宜区（Ⅰ-4）；⑤客店镇泉水柑种植最适宜区（Ⅰ-5）；⑥东桥镇泉水柑种植最适宜区（Ⅰ-6）；⑦长寿镇泉水柑种植较适宜区（Ⅱ-1）和洋梓镇—东桥—九里回族乡泉水柑种植较适宜区（Ⅱ-2）。

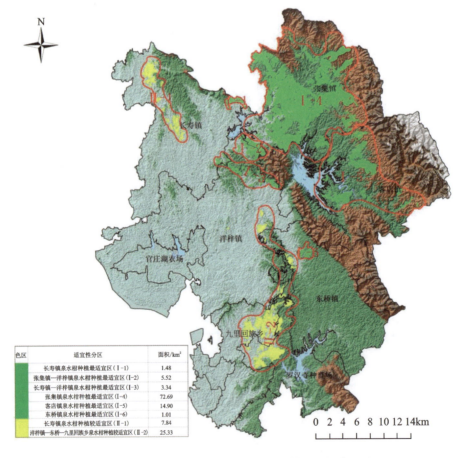

图 7-31　钟祥地区泉水柑产地地质环境适宜性分区图

表 7-46　钟祥泉水柑产地地质环境适宜性评价说明

适宜性分区	面积	适宜性评价说明
长寿镇泉水柑种植最适宜区（Ⅰ-1）	1.48km²	该区域分布在长寿镇北东部汪湾村境内的丘陵中,分布面积较小,海拔100～180m;区内东南侧毗邻黄坡水库,灌溉水源较充足;地层为下志留统新滩组泥页岩,土层深厚,发育板岩黄棕壤,土壤质地为黏壤土,为成土母质为泥质岩类风化物;土壤 pH 值 5.62～6.17,呈酸性;土壤有机质含量 3.0%～3.80%,土壤有效硒、有效铜养分含量高,自然条件优越,适合泉水柑种植
张集镇—洋梓镇泉水柑种植最适宜区（Ⅰ-2）	5.52km²	该区域分布在张集镇泉水河村西南部和洋梓镇北东部虎峪村一带的丘陵中,海拔 100～140m;区内北西部有黄坡水库,灌溉水源充足;地层主要为下志留统新滩组泥页岩,次为中寒武统覃家庙组泥质白云岩分布,土层深厚,发育板岩黄棕壤和少量石灰岩黄棕壤,成土母质为泥质岩类风化物和碳酸岩盐类风化物;土壤呈酸性;土壤有机质含量 1.87%～4.42%,土壤有效硒、有效铜养分含量高,自然条件优越,适合泉水柑种植
长寿镇—洋梓镇泉水柑种植最适宜区（Ⅰ-3）	3.34km²	呈北西-南东向分布于长寿镇黄坡村东南部和洋梓镇花山村—天宁村北部一带,区内海拔 100～160m;土层深厚,发育板岩黄棕壤和石灰岩黄棕壤,成土母质为泥质岩类风化物和碳酸岩盐类风化物;土壤 pH 值5.62～6.17,呈酸性反应;土壤有机质含量 1.87%～3.80%
张集镇泉水柑种植最适宜区（Ⅰ-4）	72.69km²	该区域为分布面积最大的最适宜种植区,全部在张集镇境内,涉及沙河村、徐家湾村等十几个乡镇,海拔 100～200m;西南部一带毗邻温峡口水库,灌溉水源十分充足;地层为下志留统罗惹坪组和新滩组的泥页岩;土层深厚,土壤类型为板岩黄棕壤,土壤质地为黏壤土,成土母质为泥质岩类风化物;土壤呈酸性;土壤有机质含量 1.51%～4.42%,土壤有效硒、有效铜养分含量高,自然条件优越,也是目前泉水柑最主要的种植地区
客店镇泉水柑种植最适宜区（Ⅰ-5）	14.90km²	该区域分布在客店镇西部,毗邻温峡口水库,灌溉水源充足;海拔100～200m;发育板岩黄棕壤土壤,地层为下志留统罗惹坪组和新滩组的泥页岩,成土母质为泥质岩类风化物和碳酸岩盐类风化物;土壤呈酸性;土壤有机质含量1.51%～2.27%;土壤有效硒、有效铜养分含量高
东桥镇泉水柑种植最适宜区（Ⅰ-6）	1.01km²	该区域仅分布在东桥镇马岭村西部;海拔 100～120m;发育板岩黄棕壤土壤,地层为下志留统新滩组的泥页岩,成土母质为泥质岩类风化物;土壤 pH 值 5.86～6.17,呈酸性;土壤有机质含量 1.51%～2.27%;土壤有效硒、有效铜养分含量高

续表 7-46

适宜性分区	面积	适宜性评价说明
长寿镇泉水柑种植较适宜区（Ⅱ-1）	7.84km²	该区域分布在长寿镇汤林村—曾坡村—杨畈村一带的岗地中；海拔60~80m；发育红砂岩黄棕壤土壤，土壤质地为砂壤土；地层为上白垩统红花套组和罗镜滩组的砂砾岩，成土母质为红砂岩类风化物；土壤pH值5.62~6.17，呈酸性；土壤有机质含量1.51%~3.37%；土壤有效硒、有效铜养分含量中等，较适合泉水柑种植
洋梓镇—东桥—九里回族乡泉水柑种植较适宜区（Ⅱ-2）	25.33km²	该区域为分布面积最大的较适宜种植区，在洋梓镇—东桥镇—九里回族乡沿线的盘石岭林场东西两侧，海拔60~100m；东南部一带毗邻石门水库，灌溉水源较充足；地层以上白垩统红花套地层为主，次为少量罗镜滩组分布；土层较深厚，土壤类型为红砂岩黄棕壤，土壤质地为砂壤土，成土母质为红砂岩类风化物；土壤呈酸性；土壤有机质含量1.51%~3.37%，土壤有效硒、有效铜养分含量中等，较适合泉水柑种植

第八章　土地质量地球化学等级

本次土地质量地球化学分等执行《土地质量地球化学评价规范》(DZ/T 0296—2016)、《湖北省土地质量地球化学评价技术要求》等规范和标准。本次评价以土壤养分指标、土壤环境指标为主,以大气沉降物环境质量、灌溉水环境质量为辅,综合考虑与土地利用有关的因素,实现土地质量地球化学指标等级评价。

第一节　土壤质量地球化学等级

一、评价单元

（一）评价单元划分

评价单元是土壤质量地球化学等级划分的最小的空间单位,是对土地质量地球化学评估的最小单元,为了便于土地质量地球化学等级与自然资源管理数据库连接,实现"一张图"查询功能,提升土壤地球化学数据的可利用性,本次评价以第三次全国国土调查的土地利用现状图图斑为评价单元。

（二）评价单元赋值

用1∶5万土壤测量实测元素含量对每个单元赋值,当单元内只有一个指标数据时,以此数据对单元赋值,当单元内有2个及以上数据时,用平均值对单元赋值,当单元中没有实测数据时,采用插值法赋值。

评价单元的插值采用中国地质调查局开发的《土地质量地球化学调查与评价数据管理与维护应用子系统》完成,经过多次实验,选择最优插值半径$R=600$。

（三）评价对象

土壤地球化学等级评定的对象为耕地、园地、草地,面积为2 094.86km²,其他土地单元不做评价。

二、土壤环境地球化学等级划分

土壤环境元素为镉(Cd)、汞(Hg)、砷(As)、铜(Cu)、铅(Pb)、铬(Cr)、锌(Zn)、镍(Ni)8种重金属元素。

(一)划分标准

划分标准采用《土地质量地球化学评价规范》(DZ/T 0295—2016),其中基准值采用《土壤环境质量农用地土壤污染风险管控标准(试行)》(GB 15618—2018)中规定的风险筛选值。

(二)划分方法

1. 单指标划分方法

本次评价采用指数法,指数计算公式为

$$P_i = C_i / S_i$$

式中:P_i 为土壤污染物 i 的单项指标污染指数;C_i 土壤中污染物 i 的实测值;S_i 为污染物 i 在 GB 15618—2018 中给出的土壤污染风险筛选值。

按照表 8-1 中土壤污染指数值进行单指标土壤环境地球化学分级,分为清洁、轻微超标、轻度超标、中度超标、重度超标 5 个等级。

2. 土壤环境地球化学综合等级划分方法

在单指标土壤环境地球化学等级划分基础上,将 8 项环境元素的等级进行叠加,每个评价单元的土壤环境地球化学综合等级等同于单指标划分出的环境等级最差的等级。如 As、Cr、Cd、Hg、Pb、Ni、Cu、Zn 划分出的环境地球化学等级分别为 4 级、2 级、3 级、3 级、2 级、2 级、1 级和 1 级,该评价单元的土壤环境地球化学综合等级为 4 级。

表 8-1 土壤环境地球化学等级划分界限

等级	一等	二等	三等	四等	五等
释义	清洁	轻微超标	轻度超标	中度超标	重度超标
污染指数	≤1	1~2	2~3	3~5	>5
颜色					

(三)土壤单元素环境质量等级

利用土地质量地球化学调查与评价数据管理与维护应用子系统作各元素土壤环境地球化学等级图,对图斑内环境元素按等级进行面积统计,计算各等级面积占评价土地面积的百分比,见表 8-2。

区内非清洁等级土壤元素面积占比排序依次为 Cd(0.89%)、As(0.48%)、Hg(0.13%)、Cu(0.12%)、Zn(0.06%)、Ni(0.02%)、Pb(0.02%)、Cr(0.003%),各元素分述如下。

Cd:因特殊的地质背景及土壤理化性质。其含量等级及生态影响远高于其他各重金属元素,但 Cd 元素总体在区内超标的程度较低,区内一等清洁土壤面积 2 076.53km²,占比 99.12%;二等土壤面积 17.08km²,占比 0.82%;三等轻度—四等中度超标土壤面积1.14km²,占比0.06%;五等重度超标土壤面积仅 0.11km²,分布在张集镇月亮门村和客店镇娘娘寨

As：As元素在区内超标程度很低。区内一等清洁土壤面积为2 084.71km²,占比99.52%;区内二等土壤面积为8.63km²,占耕、园、草地总面积的比例为0.41%;区内三等以下土壤面积仅1.52km²,占比仅为0.07%。

Hg：区内土壤Hg含量较低。区内一等土壤面积达2 092.07km²,占比达99.87%;区内二等轻微超标土壤面积2.59km²,零星分布于胡集镇福泉村、李岗村、壕沟村和罗山村;区内五等超标土壤仅分布于张集镇明沙河村,面积仅为0.03km²。

表8-2 土壤环境元素地球化学分级统计表

元素	等级	面积/km²	比例/%	元素	等级	面积/km²	比例/%
As	一等(清洁)	2 084.71	99.52	Cd	一等(清洁)	2 076.53	99.12
	二等(轻微超标)	8.63	0.41		二等(轻微超标)	17.08	0.82
	三等(轻度超标)	0.99	0.05		三等(轻度超标)	0.78	0.04
	四等(中度超标)	0.51	0.02		四等(中度超标)	0.36	0.02
	五等(重度超标)	0.02	0		五等(重度超标)	0.11	0.01
元素	等级	面积/km²	比例/%	元素	等级	面积/km²	比例/%
Cr	一等(清洁)	2 094.79	99.99	Hg	一等(清洁)	2 092.07	99.87
	二等(轻微超标)	0.07	0		二等(轻微超标)	2.59	0.12
	三等(轻度超标)	0	0		三等(轻度超标)	0.07	0
	四等(中度超标)	0	0		四等(中度超标)	0.11	0.01
	五等(重度超标)	0	0		五等(重度超标)	0.03	0
元素	等级	面积/km²	比例/%	元素	等级	面积/km²	比例/%
Pb	一等(清洁)	2 094.35	99.98	Ni	一等(清洁)	2 094.28	99.97
	二等(轻微超标)	0.47	0.02		二等(轻微超标)	0.51	0.02
	三等(轻度超标)	0.01	0		三等(轻度超标)	0.07	0
	四等(中度超标)	0.04	0		四等(中度超标)	0	0
	五等(重度超标)	0	0		五等(重度超标)	0	0
元素	等级	面积/km²	比例/%	元素	等级	面积/km²	比例/%
Cu	一等(清洁)	2 092.32	99.88	Zn	一等(清洁)	2 093.64	99.94
	二等(轻微超标)	2.32	0.11		二等(轻微超标)	0.87	0.04
	三等(轻度超标)	0.07	0		三等(轻度超标)	0.36	0.02
	四等(中度超标)	0.15	0.01		四等(中度超标)	0	0
	五等(重度超标)	0	0		五等(重度超标)	0	0

Cu：全区土壤Cu元素等级以清洁为主,所占面积比例为99.88%。区内二等土壤面积为

2.32km²,主要零星分布于双河镇、长寿镇、洋梓镇和长滩镇境内;区内三等及以下超标土壤面积仅0.22km²,占比仅为0.01%,无五等重度超标土壤。

Zn、Ni、Pb、Cr 4种元素相比其他重金属元素,在区内富集程度很低。区内二等—五等土壤面积比例均不足0.1%,且Cr元素在区域内不存在三等轻微超标及以下的土壤。

(四)土壤环境质量地球化学综合等级

在单指标土壤环境地球化学等级划分的基础上,选取Hg、Cd、Pb、As、Cu、Zn、Cr、Ni等8种重金属元素为评价指标,用"一票否决法"确定土壤环境质量类别,即每个评价单元的土壤环境地球化学综合等级等同于单指标划分出的环境等级最差的等级。

全区土壤环境质量总体优良。其中,一等清洁土壤面积2 059.91km²,占比98.33%;二等轻微超标土壤面积31.32km²,占比1.50%(一等—二等土壤为全区最主要的土壤环境质量等级,占比达到了耕、园、草地总面积的99.83%);三等轻度超标土壤面积2.31km²,占比0.11%;四等中度超标—五等重度超标土壤面积仅1.32km²,占为0.07%。

三、土壤养分地球化学等级划分

(一)划分标准

N、P、K_2O、Corg、CaO、MgO、TFe_2O_3、S、B、Mn、Mo、Cu、Zn、Co、Ge、V采用中国地质调查局《土地质量地球化学评价规范》(DZ/T 0295—2016)中土壤养分指标等级分级标准,其中B、S、Mo、Mn、Cu、Zn 6种元素超过上限值的划分为六级。SiO_2、Cl、Sr等指标依据湖北省多目标区域地球化学调查样品分析测试数据按20%、40%、60%和80%百分位值分别取近似值作为湖北省标准值(表8-3)。

表8-3 土壤养分元素分级标准

等级 指标	一等 丰富	二等 较丰富	三等 中等	四等 较缺乏	五等 缺乏	上限值 过剩
N/(mg·kg⁻¹)	>2000	1500~2000	1000~1500	750~1000	≤750	
P/(mg·kg⁻¹)	>1000	800~1000	600~800	400~600	≤400	
K_2O/%	>3.01	2.41~3.01	1.81~2.41	1.21~1.81	≤1.21	
Corg/%	>2.32	1.74~2.32	1.16~1.74	0.58~1.16	≤0.58	
CaO/%	>5.54	2.68~5.54	1.16~2.68	0.42~1.16	≤0.42	
MgO/%	>2.15	1.70~2.15	1.20~1.70	0.70~1.20	≤0.70	
S/(mg·kg⁻¹)	343~2000	270~343	219~270	172~219	≤172	≥2000
TFe_2O_3/%	>5.30	4.60~5.30	4.15~4.60	3.40~4.15	≤3.40	
SiO_2/%	>69	66~69	63~66	59~63	≤59	

续表 8-3

指标 \ 等级	一等 丰富	二等 较丰富	三等 中等	四等 较缺乏	五等 缺乏	上限值 过剩
B/(mg·kg^{-1})	65～3000	55～65	45～55	30～45	≤30	≥3000
Cl/(mg·kg^{-1})	＞75	60～75	52～60	43～52	≤43	
Co/(mg·kg^{-1})	＞15	13～15	11～13	8～11	≤8	
V/(mg·kg^{-1})	＞96	84～96	75～84	63～75	≤63	
Mn/(mg·kg^{-1})	700～1500	600～700	500～600	375～500	≤375	≥1500
Mo/(mg·kg^{-1})	＞0.85	0.65～0.85	0.55～0.65	0.45～0.55	≤0.45	
Ge/(mg·kg^{-1})	＞1.5	1.4～1.5	1.3～1.4	1.2～1.3	≤1.2	
Sr/(mg·kg^{-1})	＞97.5	86.5～97.5	78.7～86.5	70.0～78.7	≤70	
Cu/(mg·kg^{-1})	29～50	24～29	21～24	16～21	≤16	≥50
Zn/(mg·kg^{-1})	84～200	71～84	62～71	50～62	≤50	≥200

（二）划分方法

单指标划分方法。根据评价区土壤养分单元素含量值，以表 8-4 的分级标准对养分单元素进行丰缺等级划分，当评价单元内某一元素含量处于表 8-4 中某一分级标准值范围内时，即确定该评价单元为相应的等级。

（三）土壤单元素或单指标养分等级

由表 8-4 可以看出，N 元素各等级分布整体呈现东西部含量高，中部汉江流域冲积平原两侧含量较低的分布特征。全区 N 元素含量较为富足，达到丰富、较丰富的面积分别为 263.74km²、768.36km²，占全区耕、园、草地面积的比例分别为 12.59%、36.68%；适中区的面积为 825.81km²，占比 39.42%；较缺乏的面积为 150.12km²，占比 7.16%，在全区零星分布；缺乏区面积为 86.84km²，占比 4.15%，呈相对独立的片状分布在旧口镇南部一带。

评价区内 P 元素总体呈现出较丰富—较丰富、适中—较缺乏两个水平，分带性比较明显。较丰富—丰富区主要分布于区内沿汉江流域两岸冲积平原和旧口镇全境，面积为 851.82km²，占比 40.67%；适中区面积为 569.69km²，占比 27.19%，主要分布于区内汉江流域两侧的岗地中；较缺乏区面积为 569.96km²，占总面积的比例为 27.21%，主要分布于汉江以东岗地—丘陵一带；缺乏区面积为 103.40km²，占比 4.94%，呈星点状分布在除柴湖镇和旧口镇之外的其他乡镇。总体来看，从全区 P 含量来看，与区内 N 元素正好相反，即东西部低中部高，尤其是靠近岗地—丘陵一带地区土壤缺磷严重，需施加一定量的磷肥才能保证作物的生长。

表 8-4 土壤养分元素丰缺等级面积统计表

元素	丰富		较丰富		适中		较缺乏		缺乏		超出上限	
	面积/km²	比例/%	面积/km²	比例/%	面积/km²	比例/%	面积/km²	比例/%	面积/km²	比例/%	面积/km²	比例/%
N	263.74	12.59	768.36	36.68	825.81	39.42	150.12	7.16	86.84	4.15		
P	346.82	16.55	505	24.11	569.69	27.19	569.96	27.21	103.4	4.94		
K	120.43	5.75	643.34	30.71	1 181.00	56.38	149.43	7.13	0.67	0.03		
Corg	793.79	37.89	467.27	22.31	470.78	22.47	324.80	15.50	38.23	1.82		
CaO	4.89	0.23	404.38	19.31	524.95	25.06	1 104.69	52.73	55.97	2.67		
MgO	474.29	22.64	350.09	16.71	483.63	23.09	767.06	36.61	19.88	0.95		
Fe_2O_3	1 300.96	62.11	532.28	25.41	185.64	8.86	66.29	3.16	9.69	0.46		
Si_2O	263.00	12.55	555.04	26.50	736.05	35.13	407.81	19.47	132.96	6.35		
Co	1 397.44	66.71	452.06	21.58	203.66	9.72	38.29	1.83	3.42	0.16		
Al_2O_3	260.25	14.62	353.37	19.86	425.03	23.88	393.06	22.09	347.85	19.55		
Ge	531.59	25.38	775.37	37.01	590.75	28.20	167.87	8.01	29.28	1.40		
Cl	1 395.52	66.62	477.10	22.77	139.90	6.68	66.57	3.18	15.78	0.75		
B	230.12	10.99	1 117.61	53.35	589.99	28.16	140.55	6.71	16.59	0.79		
Mo	951.64	45.43	738.44	35.25	297.36	14.20	88.89	4.24	14.52	0.69	4.01	0.19
Mn	987.80	47.15	463.72	22.14	284.29	13.57	224.66	10.72	130.25	6.22	4.15	0.20
S	381.57	18.21	427.43	20.40	507.32	24.22	481.98	23.01	296.15	14.14	0.39	0.02
Cu	852.51	40.70	960.72	45.86	185.69	8.86	80.47	3.84	8.41	0.40	7.08	0.34
Zn	593.14	28.31	543.56	25.95	526.49	25.13	391.73	18.70	38.33	1.83	1.61	0.08
Na_2O	463.26	22.11	487.88	23.29	485.59	23.18	427.29	20.40	230.84	11.02		
V	1 059.64	78.72	196.47	14.59	52.58	3.90	22.59	1.68	14.90	1.11		

区内 K 元素含量呈现出适中的趋势,其适中的分布区总面积达 1 181.00km²,占全区面积的比例达到 56.38%;较丰富—丰富面积合计为 763.77km²,占耕、园、草地总面积的 36.46%;四等较缺乏面积 149.43km²,占比 7.13%,主要集中在冷水镇东南部、长滩镇西部和长寿镇北西部-南部—洋梓镇西部一带,其他地区零星分布,区内严重缺乏土壤面积仅为 0.67km²。

土壤有机质是衡量土壤肥力的重要指标之一,是作物养分的重要来源。土壤中有机质的含量与土壤肥力水平密切相关,对土壤起着提供养分、改善土壤物理性状、增强土壤的保肥性和缓冲性、促进微生物和植物的生理活性的重要作用。

区内土壤有机质总体比较丰富。其中丰富区面积 793.79km²,占比为 37.89%;较丰富区面积 467.27km²,占评价面积的 22.31%;适中区面积 470.78km²,占比 22.47%;较缺乏—缺乏总面积 363.03km²,占比 17.32%,全区有机质的分布来看,其分带性较为明显,北东部、北西-南西部高,汉江流域两侧的胡集、丰乐镇及旧口—长滩一带含量低,与区内的土壤类型分布有一定的规律性,即水稻土和黄棕壤分布区域内的有机质明显高于潮土分布区域。

Ca、Mg、S 作为作物所需中量营养元素,植物对其需要次于 N、P、K 而高于微量元素,当作物缺乏 Ca、Mg、S 时,会引起作物体内代谢失调,最终影响到其产量和品质。

其中 Ca 元素是细胞壁的重要成分,对活化生物酶、稳定生物膜的结构、抑制真菌侵袭、提高果蔬贮藏品质具有重要作用。全区表层土壤中 CaO 平均背景值含量达到 1.39%,接近汉江流域背景值的,但仅有全国背景值的 64%,总体仍显不足。评价区内土壤等级达到较丰富—丰富的面积为 409.27km²,占全区评价面积比例的 19.54%;适中区面积 524.95km²,占比 25.06%;较缺乏—缺乏面积为 1 160.66km²,占比 55.40%。

Mg 是叶绿素、植素和果胶的组成成分,参与碳水化合物、脂肪、蛋白质和核酸的合成,同时也是很多酶的活化剂。评价区内 MgO 含量总体适中以上水平,适中面积 483.63km²,占比 23.09%;较丰富—丰富面积 824.29km²,占比 39.35%,主要分布在汉江流域两侧的冲积平原中;较缺乏—缺乏面积为 786.94km²,占比 37.56%。

S 是构成蛋白质和许多酶不可缺少的组成成分,参与植物体内的氧化还原反应及固氮作用。评价区内 S 元素达到较丰富—丰富区面积总计 809.00km²,占全区评价面积比例的 38.61%;适中区面积 507.32km²,占比 24.22%,呈片状零星分布;较缺乏—缺乏面积合计 778.13km²,占比 37.15%,主要分布在汉江流域两侧的冲积平原,缺乏区域主要集中分布在旧口镇南部一带,其余地区零星分布,所以在该区域施用少量富含 S 的肥料(如硫酸钾)是非常必要的。

Fe 是植物叶绿素形成所必不可少的活化剂,缺铁会导致植物幼苗失绿,叶片坏死。评价区内 Fe 元素含量较为丰富,其中较丰富—丰富区面积为 1 833.24km²,合计占比 87.52%;适中区面积 185.64km²,占比 8.86%,主要分布在旧口镇南部一带;较缺乏区面积 9.69km²,占比仅为 0.46%。

Mn 作为植物光合作用系统中的氧化剂,参与光合作用中的氧化还原过程,能促进种子萌发和幼苗生长,缺锰会导致新生叶片失绿并出现杂色斑点。区内 Mn 元素含量也比较丰富,其中达到较丰富以上的区域面积 1 451.52km²,占比 69.29%;适中区域面积 284.29km²,占比 13.57%;Mn 元素较缺乏、缺乏区面积分别为 224.66km²、130.25km²,占比分别为 10.72%、6.22%。

Zn、Cu 同为植物酶的组分与活化剂,参与植物光合作用、呼吸作用,参与生长素的合成与蛋白质代谢,能促进繁殖器官发育。评价区 Zn、Cu 含量丰缺特征达到较丰富及以上的土壤占比分别为 54.26%、86.54%,总体含量较为丰富;适中面积分别为 526.49km²、185.69km²,占比分别为 25.13%、8.86%;缺乏面积分别为 38.33km²、8.41km²,仅占总评价面积的 1.83% 和 0.40%,Zn、Cu 的缺乏区面积都很小,在全区呈零星分布。另外,区内 Zn、Cu 元素超过上限值(超标)的面积分别为 1.61km²、7.08km²,占比较小。

Mo 是植物硝酸还原酶的组成成分,对植物氮素利用,促进植物体内有机磷化合物的合成及繁殖器官的发育具有重要作用。评价区内 Mo 元素含量与汉江流域土壤背景值基本相当，全区表层土壤中 Mo 元素背景值为 0.89mg/kg，是汉江流域土壤背景值的 1.11 倍，与全国土壤背景值对比，总体含量偏低，仅为全国背景值的 45%。区内达到较丰富以上土壤的面积为 1 690.08km^2，占评价面积的 80.68%。区内 Mo 元素适中的面积为 297.36km^2，占比 14.20%，较缺乏—缺乏面积为 103.41km^2，占比 4.93%。

B 对植物繁殖器官的形成具有重要作用，能促进碳水化合物的运输和代谢、促进细胞伸长和分裂、促进植物籽实的建成和发育。评价区内 B 元素丰富—较丰富区域面积 1 347.73km^2，占比 64.34%；适中面积为 589.99km^2，占比 28.16%；缺乏—较缺乏面积合计 157.14km^2，占全区评价面积比例为 7.50%。

Cl 主要集中在植物体内营养器官中，对参与光合作用、抑制病害发生等具有重要作用。区内 Cl 元素丰缺程度较为明显，丰富—较丰富面积为 1 872.62km^2，占比 89.39%；一般适中区面积 139.90km^2，占比 6.68%；缺乏—较缺乏面积合计 82.35km^2，占全区评价面积比例的 3.93%，主要呈不规则片状、星散状不均匀分布在各乡镇中。

有益元素中，Si、Na、Al 元素缺乏情况较为严重，缺乏—较缺乏区面积分别为 540.77km^2、658.13km^2、740.91km^2，分别占评价总面积的 25.82%、31.42% 和 41.64%，Si 元素缺乏区域主要为胡集镇东南部—磷矿镇东部沿汉江流域两侧、石牌镇东南部及柴湖镇境内大部分地区，上述地区呈较为集中的片状分布，其余地区为星散状分布；而 Na 元素特征正好与 Si 元素相反，缺乏区域主要分布在评价区内东西两侧以丘陵为主的地形中。

Co 元素以一级丰富为主，缺 Co 面积 41.71km^2，占比 1.99%，呈星散状分布；Ge 元素在全区锗丰缺分带较为明显，表层土壤中 Ge 的平均含量 1.44mg/kg，变异系数为 0.10，呈均匀分布，缺乏—较缺乏区面积 197.15km^2，占比仅为 9.41%，其余大部分地区比较丰富；Al 元素呈均匀分布，较丰富—丰富区域面积 613.62km^2，占比 34.48%，缺乏—较缺乏区面积 740.91km^2，占比仅为 41.46%；V 元素在区内表层土壤中含量整体表现比较富足，一等丰富区达 1 059.64km^2，占比 78.72%。

四、土壤健康元素地球化学等级划分

土壤健康元素的含量与人体健康息息相关。众所周知，土壤中缺硒、缺氟、缺碘对人类健康会造成严重危害，如地方性克山病、大骨节病、甲状腺肿大、地方氟中毒等疾病。随着人民生活水平的逐渐提高，地方性疾病越来越引起民众的关注，这也促成了我国医学、地学、化学和生物学在地方病研究领域的合作。

（一）划分标准

采用《土地质量地球化学评价规范》(DZ/T 0295—2016) 中土壤 Se、I、F 等级划分标准确定其等级（表 8-5）。

（二）评价方法

根据土壤健康元素含量值，以表 8-5 的分级标准直接对元素进行丰缺等级划分，当评价单元内某一元素含量处于表中某一分级标准值范围内时，即确定该评价单元为相应的等级。

表 8-5 土壤硒、碘、氟等级划分标准值（mg/kg）

等级	缺乏	边缘	适量	高	过剩
Se	≤0.125	0.125～0.175	>0.175～0.40	>0.40～3.0	>3.0
I	≤1.00	>1.00～1.50	>1.50～5	>5～100	>100
F	≤400	>400～500	>500～550	>550～700	>700

（三）评价结果

评价分级结果显示（图 8-1），钟祥市土壤硒等级主要以三等（适量）为主，面积有 1 790.1 km²，占比 85.45%，在全区广泛分布。区内富硒土壤合计 217.48 km²，占比 10.38%，主要分布在汉江流域两侧的冲积平原中，呈连续的片状分布；土壤硒边缘—缺乏区域仅为 87.28 km²，占比为 4.17%，相对集中分布在张集—东桥一带。

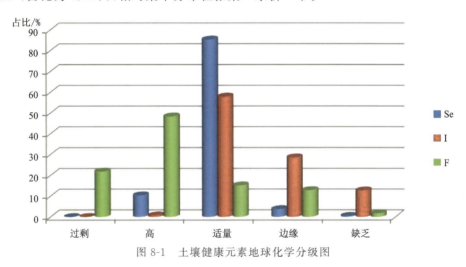

图 8-1 土壤健康元素地球化学分级图

I 是动物和人体的必需元素，是甲状腺素的主要成分。甲状腺素具有影响有机体生长发育、代谢过程、神经系统及智力发育等功能。评价区内 I 元素总体偏低，全区碘丰富土壤面积仅为 14.84；适量—边缘土壤合计 1 813.76 km²，占比达 86.58%；缺乏面积 266.26 km²，占比 12.71%。总体来看，I 元素以适中为主，匮乏区域在区内零星分布。

F 可将骨骼中的磷酸钙转化为磷石灰，而磷石灰是人体骨组织的主要成分。较高的含氟量可提交磷石灰的结晶度和降低其溶解性，但是过量摄入氟同样会对人体骨组织产生危害。评价区表层土壤中 F 含量为汉江流域背景值和全国背景值的 1.06 倍、1.28 倍，全区 F 元素含量丰富，二等丰富及以上土壤面积达 1 472.05 km²，占比 70.27%；适量土壤面积 316.90 km²，占比 15.15%；缺乏土壤面积为 36.65 km²，仅占比 1.75%。

五、土壤养分地球化学综合等级

依据《土地质量地球化学评价规范》（DZ/T 0295—2016）要求，确定参与土壤质量地球化学综合等级评价养分元素为 N、P、K 3 种元素,土壤养分地球化学综合等级划分在氮、磷、钾土壤单指标养分地球化学等级划分基础上,计算土壤养分地球化学综合得分 $f_{养综}$,即

$$f_{养综} = \sum_{i=1}^{n} K_i f_i$$

式中:$f_{养综}$ 为土壤 N、P、K 评价总得分,$1 \leqslant f_{养综} \leqslant 5$;$K_i$ 为 N、P、K 权重系数,分别为 0.4、0.4 和 0.2;f_i 分别为土壤 N、P、K 的单元素等级得分。

单指标评价结果 5 级、4 级、3 级、2 级、1 级所对应的 f_i 得分分别为 1 分、2 分、3 分、4 分、5 分。土壤养分地球化学综合等级划分标准及颜色示意见表 8-6。

表 8-6　土壤养分地球化学综合等级划分及含义表

等级	一等	二等	三等	四等	五等
含义	丰富	较丰富	中等	较缺乏	缺乏
$f_{养综}$	≥4.5	<4.5~3.5	<3.5~2.5	<2.5~1.5	<1.5

评价结果显示(图 8-2),全区土壤综合养分总体情况良好。其中达到一级丰富的土壤面积 48.58km²,占比 2.32%,呈星散状分布于各乡镇;较丰富土壤面积达 794.76km²,占比 37.94%,相对集中分布在汉江流域两侧的冲积平原以及旧口镇北部一带;养分适中土壤面积 1 097.70km²,占比 52.40%,在全区分布广泛;较缺乏土壤总面积 146.04km²,占比 6.97%;缺乏土壤面积 7.79km²,占比仅为 0.37%,呈星散状分布。

六、土壤质量地球化学综合等级划分

土壤质量地球化学综合等级由评价单元的土壤养分地球化学综合等级与土壤环境地球化学综合等级叠加产生。

由图 8-3 可见,全区土壤综合质量总体上优良。一等优质土壤面积 818.44km²,占比 39.07%,是区内最优的土壤质量等级,呈片状相对集中分布在汉江流域两侧和旧口镇北部一带;二等良好土壤面积 1 089.70km²,占比 52.02%,优良土壤主要呈星散状零星分布于各乡镇;三等中等土壤面积 175.73km²,占比为 8.39%;四等差等土壤面积 9.68km²,占比 0.46%,五等劣等土壤面积仅为 1.32km²,仅占评价面积比例的 0.06%。

第二节　灌溉水环境地球化学等级

一、灌溉水评价单元划分

根据生态环境地质填图及遥感影像图,对全区灌溉水进行了分区,每个样品控制一个灌溉区域,将全区分为 178 块灌溉区。分区原则如下:

(1)在平原地区,如丰乐镇,自然水系及人工沟渠分布较平均,根据行政分区、地块利用、沟渠分布综合考虑分区。

(2)在低丘陵、岗地,如客店镇,根据上游的水库,小溪、分水岭等,综合考虑下游灌溉渠进行分区。

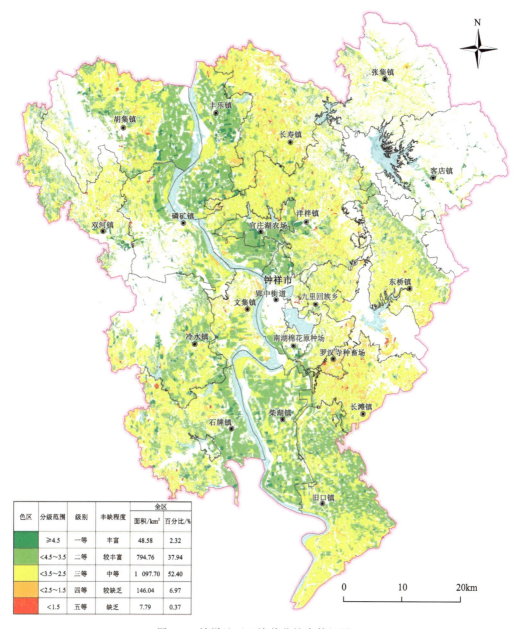

图 8-2　钟祥地区土壤养分综合等级图

二、灌溉水质量评价标准

采用国家标准《农田灌溉水质标准》(GB 5084—2005)中规定的评价指标。本次评价指标为 As、Cd、Cr^{6+}、Cu、Hg、Pb、Zn、氯化物、氟化物、硫化物、pH 等 11 种。全区各评价指标限值及统计参数见表 8-7。

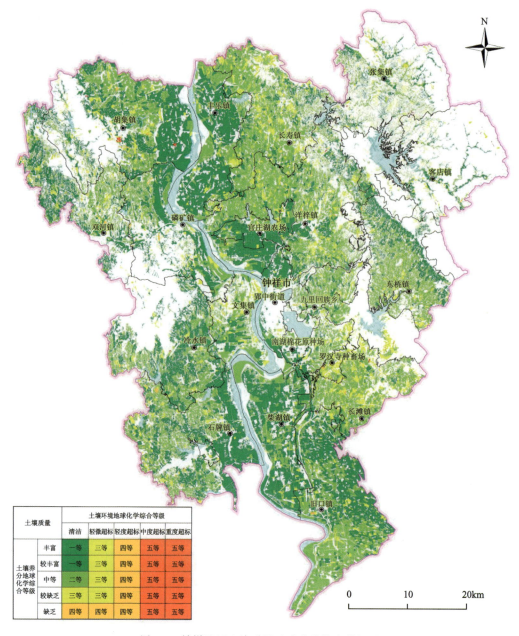

图 8-3 钟祥地区土壤质量地球化学综合等级图

三、灌溉水质量评价方法

灌溉水质量地球化学评价方法采用,单项指标评价和综合指标评价两种。单项指标评价方法为:灌溉水中各评价指标含量小于或等于该值时为一等,数字代码为1,表示灌溉水环境质量符合标准;灌溉水中评价各指标含量大于该值为二等,数字代码为2,表示灌溉水环境质量不符合标准;数字代码为0时,表示该评价图斑未采集灌溉水样品。

表 8-7　灌溉水各指标限值及统计参数表

项目	平均值	安全限值	参考标准	超标数
As	0.023 65	0.05/(mg·L^{-1})	《农田灌溉水质标准》(GB 5084—2005)	7
Hg	0.000 026	0.001/(mg·L^{-1})		0
Cd	0.000 037	0.01/(mg·L^{-1})		0
Pb	0.000 33	0.2/(mg·L^{-1})		0
Cr^{6+}	0.003 7	0.1/(mg·L^{-1})		0
Cu	0.001 47	0.5/(mg·L^{-1})		0
Zn	0.015 13	2.0/(mg·L^{-1})		0
氟化物	0.72	2.0/(mg·L^{-1})		9
氯化物	26.35	350/(mg·L^{-1})		0
硫化物	0.06	1.0/(mg·L^{-1})		0
pH	7.50	5.5～8.5		1

注：表中超标数仅针对灌溉水单指标进行统计，按照灌溉水单样品统计，应为 As 元素超标灌溉水 2 件，氟化物指标超标灌溉水 4 件，As 和氟化物指标同时存在超标灌溉水 5 件，pH 指标超标 1 件，总计灌溉水超标个数为 12 件。

综合指标评价方法：在灌溉水单指标环境地球化学等级划分基础上，每一个评价单元灌溉水环境地球化学等级等同于单指标划分出的环境地球化学等级最差的等别。如总 As、Cr^{6+}、Cd、总 Hg 和 Pb 划分出的灌溉水环境地球化学等级分别为 1 等、1 等、1 等、1 等和 2 等，则该评价单元的灌溉水环境地球化学综合等级为 2 等。

四、灌溉水质量评价结果

（一）单一指标评价

1. 环境指标

结果显示，胡集镇中部和磷矿镇东南部灌溉区带 As 超标，其余灌溉区水样重金属含量均远低于标准限定值或未检出。

2. 氟化物、氯化物、硫化物及 pH

胡集镇中部灌溉区氟化物超标和柴湖镇南部灌溉区 pH 超标，其余灌溉区水样氟化物（F$^-$）、氯化物、硫化物及 pH 均符合标准。

通过生态环境地质调查及遥感影像图分析，As 和氟化物元素超标区域范围内均设立有磷矿石开采矿山、磷化工生产企业和堆放磷石膏渣的尾矿库，且这些区域都分布在地势较高的岗地或丘陵中；在雨季期间，经雨水冲刷，有害物质通过地下水或地表水由高处向低处径流至附近农田灌溉水渠中而造成的个别样点超标。

(二)综合质量评价

采用上述原理和方法,选取 As、Hg、Cu、Zn、Cd、Pb、Cr^{6+}、pH、硫化物、氟化物、氯化物等 11 种元素作为评价指标,区内灌溉水质量除胡集镇中黄泥村、金岗村、尹湾村、红庙村、桥档村、孙湾村和磷矿镇联合村、梁桥村以及柴湖镇田坑村等地灌溉水质不符合标准,其余地区灌溉水综合质量均为一等(合格)。

第三节 大气干湿沉降物地球化学等级

一、划分标准

根据《土地质量地球化学评价规范》(DZ/T 0295—2016)大气干湿沉降通量环境地球化学等级划分指标选取 Cd 和 Hg 两个指标,划分标准值见表 8-8。

表 8-8 大气干湿沉降通量环境地球化学等级分级标准值

评价指标	年通量/($mg·m^{-2}·a^{-1}$)	
等级	一等,数字代码为 1	二等,数字代码为 2
Cd	≤3	>3
Hg	≤0.5	>0.5

参照表 8-8 给出的划分标准值,当大气干湿沉降物评价指标年沉降通量含量小于等于该值时为一等,数字代码为 1,表示干湿沉降物沉降对土壤环境质量影响不大;当大气干湿沉降物评价指标年通量大于该值时为二等,数字代码为 2,表示大气干湿沉降物沉降对土壤环境质量影响较大;数字代码为 0 时,表示该评价单元未采集大气干湿沉降物样品。

二、评价方法

评价方法分单一指标评价和综合质量评价两种方法。

单指标评价参照表 8-8 给出的划分标准值,直接确定等级方法进行。当指标含量小于等于标准值时为一等,当指标含量大于标准限值时为二等。

综合质量评价是在大气干湿沉降物单指标环境地球化学等级划分基础上,每一个评价单元大气干湿沉降物环境地球化学综合等级等同于单指标划分出的环境地球化学等级最差的等别。如 Cd、Hg 划分出的干湿沉降物环境地球化学等级分别为一等和二等时,则该评价单元的大气干湿物环境地球化学综合等级为二等。

三、大气环境质量评价结果

评价显示,钟祥市大气 Hg、Cd 沉降通量远低于评价标准,表明大气干湿沉降对土壤环境的影响较小。大气干湿沉降年通量综合等级均为一等,由此评定全区大气环境均符合安全标准,大气质量优良。

第四节 土地质量地球化学综合等级

一、土地质量地球化学等级划分方法

在土壤质量地球化学综合等级基础上,叠加大气环境地球化学综合等级和灌溉水环境地球化学综合等级,形成土地质量地球化学等级。

(1)土地质量地球化学等级表达方式如下(表8-9):当土地质量地球化学评价单元较大时,在评价单元上,土壤质量地球化学综合等级以颜色示出,灌溉水环境地球化学综合等级和大气环境地球化学综合等级分别以十位和个位上的数字表示,即个位上的数字表示大气环境地球化学综合等级,十位上的数字表示灌溉水环境地球化学综合等级。

(2)当土地质量地球化学评价单元较小时,或大气干湿沉积物与灌溉水采集样本点较少时,可不采用在图斑上用数字表示大气环境地球化学综合等级与灌溉水环境地球化学综合等级的方法,只用文字或表格对大气环境地球化学综合等级、灌溉水环境地球化学综合等级进行统计与描述。

表 8-9 土地质量地球化学等级图示与含义

图示	R∶G∶B	含义
22	255∶0∶0	土壤质量地球化学综合等级为五等—劣等;大气环境、灌溉水环境地球化学等级均为二等,表示大气干湿沉降通量较大,灌溉水超标
11	255∶192∶0	土壤质量地球化学综合等级为四等—差等;大气环境、灌溉水环境地球化学等级均为一等,分别表示大气干湿沉降通量较小、灌溉水符合水质标准
20	255∶255∶0	土壤质量地球化学综合等级为三等—中等;灌溉水环境地球化学等级为二等,表示灌溉水超标;大气干湿沉积通量没有样本
01	146∶208∶80	土壤质量地球化学综合等级为二等—良好等;灌溉水没有样本;大气环境地球化学等级为一等,表示干湿沉降通量较小
10	0∶176∶80	土壤质量地球化学综合等级为一等—优质等;灌溉水环境地球化学等级为一等,表示符合灌溉水质标准;大气干湿沉降通量没有样本

二、土地质量地球化学综合等级划分结果

采用如表8-10所示的分等方案,依据土壤质量综合等级、大气环境地球化学综合等级、灌溉水环境地球化学综合等级划分结果,对全区评价单元进行土地质量地球化学分等,划分结果如下。

由图8-4可见,全区土地质量地球化学综合等级总体优良。其中二等(良好)土地在全区分布面积最大,其次为一等(优质),具体分布如下。

表 8-10 土地质量地球化学综合等级一览表

土地质量等级	土壤质量等级	灌溉水等级	大气环境等级	面积/km²	比例/%
111	Ⅰ级	Ⅰ级	Ⅰ级	816.34	38.97
211	Ⅱ级	Ⅰ级	Ⅰ级	1 087.38	51.91
311	Ⅲ级	Ⅰ级	Ⅰ级	175.53	8.38
411	Ⅳ级	Ⅰ级	Ⅰ级	9.68	0.46
511	Ⅴ级	Ⅰ级、Ⅱ级	Ⅰ级	5.93	0.28

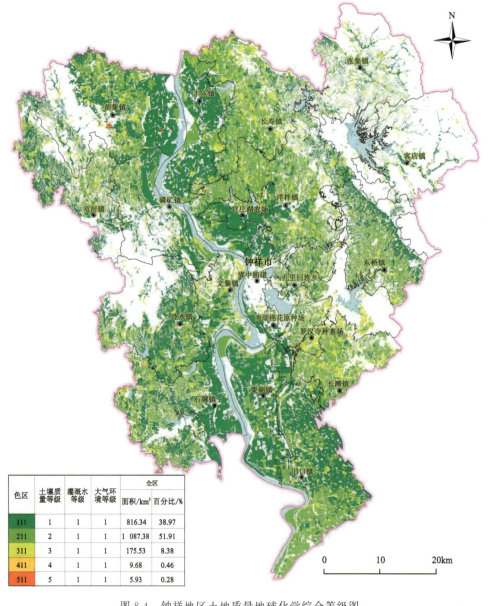

图 8-4 钟祥地区土地质量地球化学综合等级图

一等(优质):面积816.34km²,占全区农用地面积的38.97%,主要分布于沿汉江两岸的柴湖镇、丰乐镇、官庄湖农场以及胡集镇、磷矿镇、石牌镇东部、旧口镇北部一带,其余乡镇少量分布。

二等(良好):面积1 087.38km²,占农用地面积的51.91%,广泛分布于各乡镇中,其中旧口镇、石牌镇、洋梓镇、长寿镇、胡集镇分布面积较大。

三等(中等):占全区耕、园、草地面积的8.38%,面积175.53km²,主要在长滩镇北部、东桥镇南部、洋梓镇—长寿镇西部一带少量分布。

四等(差等):分布面积较小,占全区耕、园、草地面积的0.46%,面积9.68km²,呈星点状分布于胡集镇、双河镇、罗汉寺种畜场、长滩镇等地。

五等(劣等):面积5.93km²,仅占全区的0.28%,分布于胡集镇福泉村、丽杨村、阳台村,张集镇月亮门村、泉水河村、沙河村以及客店镇、长滩镇、石牌镇、冷水镇、洋梓镇和磷矿镇等村组的零散地块中,主要因素为重金属元素As、Cd等超标及受灌溉水超标影响的土地。

主要参考文献

柴之芳,祝汗民,1994.微量元素化学概论[M].北京:原子能出版社.

陈树榆,王广仪,席宜平,等,2005.长寿之乡江苏如皋微量元素环境调查[J].广东微量元素科学,12(1):13-18.

程先富,陈梦春,郝李霞,等,2008.红壤丘陵区农田土壤酸化的时空变化研究[J].中国生态农业学报,11(6):1348-1351.

高明勇,2011.湖北省长寿乡钟祥环境微量元素与长寿之间关系研究[D].武汉:湖北大学.

李慧芳,杨虎德,郑隆举,2016.基于GIS技术的土壤养分时空变异研究[J].北方农业学报,44(2):77-80.

李润林,姚艳敏,唐鹏钦,2011.农产品产地土壤环境质量评价研究进展[J].中国农学通报,27(6):296-300.

刘付程,史学正,于东升,2006.近20年来太湖流域典型地区土壤酸度的时空变异特征[J].长江流域资源与环境,15(6):740-744.

刘旭辉,银建军,黄明秋,2007.巴马区域长寿现象的初步探讨[J].河池学院学报,27(2):46-50.

欧殁,2017.基于空间分析的资源环境承载力研究[D].昆明:昆明理工大学.

秦俊法,2004.中国的百岁老人研究Ⅲ.百岁老人聚居区:中国长寿之乡的成因和评定[J].广东微量元素,14(11):23-29.

全国土壤普查办公室,1992.中国土壤普查技术[M].北京:中国农业出版社.

沈亨理,1996.农业生态学[M].北京:中国农业出版社.

《土壤学》编写组,1992.土壤学[M].2版.北京:中国林业出版社.

谭若兰,2018.黄冈市地质环境承载力评价研究[D].武汉:中国地质大学(武汉).

王明华,周永秋,2002.化学与现代文明[M].杭州:浙江大学出版社.

王荫槐,1992.土壤肥料学[M].北京:中国农业出版社.

魏久镇,王登峰,魏志远,2013.海南昌江农田土壤pH时空分布研究[J].热带作物学报,34(3):413-417.

吴峰,王永,向武,2021.基于土壤地球化学特征的茶叶适生模式及种植区划研究:以浙江余杭为例[J].农业资源与环境学报(5):909-918.

徐福祥,2015.基于GIS技术的福建省耕地土壤酸化研究[D].福州:福建农林大学.

徐勇,张雪飞,周侃,等,2017.资源环境承载能力预警的超载成因分析方法及应用[J].地理科学进展,36(3):277-285.

闫豫疆,陈冬花,严玉鹏,2017.钟祥市平原、丘陵土壤养分空间变异性研究[J].西南农业学报,30(9):2078-2084.

张茂省,王尧,2018.基于风险的地质环境承载力评价[J].地质通报,37(Z1):467-475.

中国环境监测总站,1990.中国土壤元素背景值[M].北京:中国环境科学出版社.

周国华,吴小勇,周建华,2005.浙江地区土壤元素有效量及其影响因素研究[J].第四纪研究,25(3):316-322.

HAMILTON E I, MINSKI M J, CLEARY J J, 1973. The concentration and distribution of some stable elements in healthy human tissues from the United Kingdom-an environmental study[J]. The Science of the Total Environment, 1(4):341-347.